AESTHETICS

美学厄言

徐书城　著

人民出版社

目　录

前　言

　　本书标题为"美学"，用黑格尔的话来说，正当名称应该是"艺术哲学"。

　　对此，有位朋友偶然翻阅本书的部分成稿和拟目之后曾提出疑义，他认为本书的标题应改为"艺术美学"（因本书中以艺术美为唯一研究对象）。他认为"美学"不能等同于艺术理论，"美学"主要应研究客观世界中存在的"美"。这位朋友又露出十分严肃的神情强调说：如果把"自然美"（现实中的"美"）排除在美学研究范围之外，容易有"唯心主义"之嫌，但笔者没有接受这位朋友的好心建议。虽然以往不少以"美学"为标题的著述中异口同声地说：美学首先要研究现实中客观存在的"美"，即"现实美"（包括"自然美"）；其次才是"艺术美"，因为艺术美不过是现实美的"反映"，等等诸如此类。但笔者仍不甘随波逐流。

　　如果按照上述原则，这些著作中的主要篇幅本应用来探讨"现实美"，但事实却往往相反，这些著作中的主要内容往往仍是研究艺术美，有的甚至根本不去探讨"现实美"。且以一位已故的美学家蔡仪为例，他的最后一本著作中的绝大部分篇幅仍为讨论艺术美，在谈及"现实美"问题时亦未加论证，而仅仅说："现实中的有美的事物，这是没有人能否认得了的；而事物的美引起人的美感，又是一般人都同意的。"这位资深的美学专家又说："否认自然美的观点，在实际中既不符合客观的事实和一般的常识。"① 然而，人们在日常生活中按一般"常识"所感知到的"客观事实"是："水"是一种能灭火的液体，或者，人是站立在一个地平天圆的宇宙之中。但真正的客观实际却是：水是两种能够一起燃烧的氧和氢的气体的化合物，而人却是被"吸"住在一个滚动着的大圆球之上。这是完全悖于常识的客观真理，"常识"能提供这种真理性的科学知识吗？

美学是科学，不是常识。日常生活中的常识只能感知客观世界中肤浅的表皮现象，不可能认识深涵的内在本质。马克思说得好："如果现象形态和事物的实质是直接合二为一，一切科学就成为多余的了。"②

近代科学形态的"美学"（Aesthetics）创建于西方，"美学"的名称是我们沿用了日本人的译语。但这个概念极不准确，它容易使人望文生义地理解为研究"美丽事物"的学问。事实上，西文 Aesthetics 的本义是研究人的感觉和情感活动（心理意识）的学科，而如果把"美学"理解为研究外界事物的"美丽"质素，就同 Aesthetics 的原意北辙而南辕了。因此，确切地说，"美学"是一门研究人的某种特殊的精神活动（审美意识）的学科，而绝不是像物理学或生物学那样去研究事物的物质属性的科学，亦不是去研究人和物的价值关系——所谓"人化自然"之类。

笔者以为，"美学"虽是一门研究人的心智活动的科学，但要对亿万人的头脑中看不见又摸不着的心理活动进行研究，事实上也是绝对困难的。然而，幸好人类在审美活动中创造了"艺术"——"美"的意识的结晶形态；虽然艺术活动的现象不能完整地包括全部审美现象，但它毕竟是较为稳定的可供研究的具体对象。正因如此，笔者在本书中才把艺术的实

---

① 蔡仪：《美学原理提纲》，广西人民出版社 1982 年版，第 1、14 页。

② 马克思：《资本论》第 3 卷，人民出版社 1957 年版，第 1069 页。

践活动（创作和欣赏）作为唯一的研究对象。

本书中重要的观点之一是："自然美"不过是一种海市蜃楼式的假象（见本书中有关论证）。然而，这个观点并非笔者的首创。记得在 60 年前，笔者读到朱光潜先生在《文艺心理学》一书中说的："自然中无所谓美，在觉自然为美时，自然就告成表现情趣的意象，就已经是艺术品"。① 当时即深深烙印心中。长期以来，笔者从未间断过对美学问题的学习与思考，但深知自己的见解和流行的观点相距太远，故只得遵照孔老夫子的教导："舍之则藏"（《论语·述而》）而缄口不言。记得早在上世纪 50 年代的那场美学大讨论中，不同观点的争执一开始尚热烈。但当年敢于出来同占主流地位的"唯物主义"观点作争辩的人，除朱光潜先生外还有两位，一位是当时尚戴着"反革命"的"胡风分子"帽子的吕荧先生，另一位是公然昌言"美是主观意识"的高尔太先生。吕荧明确主张"美是社会意识"，但他头上那顶"反革命"帽子足以使人望而生畏，即使同意其观点也绝不敢轻率附和；嗣后再给高尔太也戴上"主观唯心主义"的"资产阶级右派"帽子并流放边疆，"唯心主义美学"终于寿终正寝。恐怕这就是数十年来美学领域的所谓"唯物主义美学"的大一统天下的由来。（这种观点，原来自苏联的"先进经验"）

美学（哲学）上的"唯物主义"和"唯心主义"是存在的，它原本只是学术性的概念。但过去长时期来，有些人却把它们歪曲成一些政治或刑法的概念②，遂严重地违反了学术规则。其结果，正像驾车不遵守交通规则而造成事故一样，美学研究的道路就因少数人破坏公共秩序而严重堵

----

① 朱光潜：《文艺心理学》，开明书店 1946 年版，第 155 页。

② 在上世纪 50 年代的美学大讨论中，有人就公然说朱光潜先生的观点是："敌视中国劳动人民的、反动的、剥削者的美学……"（见于《美学问题讨论集》，作家出版社 1957 年版，第 134 页）学术观点只有正确或谬误之别，怎能跟"反动"连到一起，岂不荒谬绝伦。

塞，遂迫使许多研究者不得不另觅蹊径；有些学者转而孜孜于审美心理学
的研究阐发，也有致力各别门类的所谓"艺术美学"的具体探讨，更有另
辟"审美文化"的新疆土，避开了"美学"这个严重壅塞的路障。当然，
上述情况也都是积极而不是消极的行径——"条条大路通罗马"嘛。但是，
被无理堵塞的大道终须开通，扰乱公共秩序的行为终须制止，科学研究工
作中掺杂的一切非学术性的杂质终须清除。这样，我们的美学研究工作才
能正常开展。美学，就应该理直气壮地称之为美学，但也决不排斥审美心
理学、审美社会学或审美文化学的专项研究。

导　论

——美学科学的对象和方法

一　美学研究中的教条主义陷阱

"自然美"是美学研究中的一大难题。

根据马克思主义的哲学唯物主义观点去研究美学问题，存在着两种截然相反的见解：第一种观点认为，"自然美"（现实美）是客观存在的物质世界中的某些事物所固有的一种所谓"美"的物质属性，正如客观事物的形貌及质素一样，人的意识、精神活动（所谓"美感"）只是被动化地感知它——他们认为黄山或庐山之"美"，即在于其物质性的客观存在。第二种观点则反之，认为某些客观物态之所以让人引起"美感"，根由不在于"物"或不仅仅在于"物"，"美感"的心理现象的产生，主要关键是人的精神活动。这种精神活动当然也应有一定的"物质"（社会生活）根源，但不应是指黄山之类个别（自然）物态。笔者同意后者怀疑前者，并拟进一步论证之。

有些信奉第一种观点的论者往往是应用一种所谓"三段论法"（演绎法）来证明他们所坚持的"美是客观的物质属性"见解。

（1）大前提——一切精神（意识）活动都是物质的"反映"（马克思主义的"反映论"）；

（2）小前提——"美感"是一种精神活动；

（3）结论——于是，美感就是对"美"的物质的"反映"（或认识）。

上述这个推论，从形式逻辑上说完全正确，但作为科学研究却等于空话兼废话。马克思曾经用一个极生动的比喻来说明这种治学态度和方法

中国写实艺术

[五代] 顾闳中：《韩熙载夜宴图》(公元 10 世纪)

的错误性质："用这种方法是得不到内容特别丰富的规定的。如果有一位矿物学家的全部学问仅限于说一切矿物实际都是矿物，……这位思辨的矿物学家看到任何一种矿物都说，这是'矿物'，而他的学问就是有多少种现实的矿物就重复多少遍'矿物'这个词。"①

化学家研究"水"，得出了"水"的分子是由一个氧原子和两个氢原子构成的科学结论，并不是依靠逻辑的演绎而是应用科学的实验；生物学家弄清楚动物内部器官的性质和功能，也不是凭借抽象的思辨而是要对实体作科学的解剖。同样，对于人文领域中的一切事象的研究，也决不能仅仅借助于形式逻辑的简单推理；美学研究如欲避免空论，也同样必须依靠科学的实证研究和经验分析，所得出的结论也必须具有实际事实（历史）的验证（Demonstration）。有些学人仅仅指望依靠逻辑的演绎来解决美学问题，恕我不客气说，此之谓"教条主义"。

不错，"美感"作为一种精神活动，从唯物主义哲学的角度来说，确是一定的客观物质存在的"反映"。但如果不是进一步去探索这种特殊的"反映"活动的特殊性质，不去深究"美感"心理活动的现象之中的具体本质而戛然止步于此，并声嘶力竭地叫喊，"美感是美的存在的反映"这样一个抽象空洞的命题，这不就成了前述的马克思所嘲笑的那位矿物学家一样的角色么？更重要的是，马克思主义的哲学唯物主义的科学原理被他们的歪曲成一些空洞虚妄的"标签"和"套语"（恩格斯语）。毛泽东更一针见血地指出："直到现在，还有不少人，把马克思列宁书本上的某些个别字句看作现成的灵丹圣药，似乎有了它，就可以不费力气地包医百病。"②迷信马克思主义"本本"上的"个别字句"，例如从马克思、恩格

---

① 马克思恩格斯：《神圣家族》，《马克思恩格斯文集》第一卷，人民出版社 2009 年版，第 277 页。

② 毛泽东：《整顿党的作风》，《毛泽东选集》，人民出版社 1991 年版，第 820 页。

斯的著作中捡出了"认识"、"反映"、"掌握"、"典型"、"人化自然"等等之类，并采取"六经注我"的方式加以随心所欲的解释，这种做法实际上完全违背了马克思主义的理论和方法。周扬在1980年就曾经语重心长地指出："当我们说要用马克思主义的学说去研究美这种现象的时候，绝不是提倡那种翻来覆去从经典作家的著述中引章摘句式的神学院式的研究方法。那样做是不会有出息的，只能害人、害己，也害我们的民族和国家。当然更毁了科学本身。"①

二 美、美感和艺术的关系

人们对客观世界的认识总是从不知到知，由浅而入深的；当人们尚未认识到事物的科学本质之前，某些谬误知识的流行也是十分正常又不足为怪的。例如，人们对于"火"——"燃烧"现象的认识就经过了一些曲折的过程，18世纪的科学家只能把燃烧现象归于为某些物质的自然属性——遂名之曰："燃素"（Phlogiston）；18世纪的机械唯物论美学也只能把人的审美的精神现象（"美感"）简单地归之为自然物的某些固有的物质属性的反映（实即一种可笑的"美素"，只不过他们没有创立"美素"这样一个概念罢了）"燃素说"的错误理论之被否弃，是在拉瓦锡（Lavoisier，1743—1794）根据科学实验而正确认识到燃烧现象的科学本质之后——

---

① 周扬：《关于美学研究的谈话》，《美学》第3期，上海文艺出版社1981年版。

"燃烧"乃是某些元素（原子）的化合过程中间释放出来的能量而已，这才排除了早先的化学家对事物的表皮现象的肤浅认识。在美学领域也一样，18世纪的机械唯物主义美学的那种幼稚的"美素"理论，其实早已被19世纪的一些唯心主义美学所克服——黑格尔等人正确地认识到"美"只是一种精神活动，但他们却错误地把精神认作"第一性"的本原之物而"头足倒置"（恩格斯语）。在自然科学领域，"燃素说"早已成为历史的陈迹；但在人文科学领域，某些迂腐不堪的观点却往往恒久弥"新"。"美素说"的陈腐理论，在20世纪某些特定地域范围内又死灰复燃（前苏联是主要的渊薮），这是很值得我们深长思之的离奇现象。

　　直到今天，仍常有人习惯于用日常生活的直观态度去对美学科学问题持一种简单肤浅的常识性的观感——他们认为："美"是客观的"物质存在"，而"美感"就是对"美"的"反映"。看来这似乎是确凿无疑的事实，就像人们看不到地球是圆的实际事实一样。因此，当有人一旦怀疑"美"是物质时，他就会提出疑问："如果说'美'是意识而不是物质的话，那么'美感'又该归到哪里去呢?"不错，最根本的症结正在于此，我们必须首先弄清楚"美"和"美感"的关系。这是一个最重要的关键问题。

　　事实上，那种信奉"美感是美的反映"的教条的人遇到一个最难解释的是艺术问题，"艺术"也是"美"，同时他们又认为"艺术美"是"现实美"的"反映"；但"艺术美"引起"美感"时，艺术又应该归入"物质"还是"意识"的范畴中去呢? 对于这样一个无法自圆其说的明显矛盾，很多人却采取熟视无睹的态度而漠然处之，这实在是令人不可思议之事。

　　所谓"美感（意识）是美（物质）的反映"，其实不过是描述了生活中出现的一种肤浅的表皮现象——现实生活中的某些个别事物的特殊形貌，譬如说，一朵红花（或画着红花的画）——当它作用于人们视觉感官时，能引起一种叫做"美感"的感觉和情绪和心理活动。人们往往根据此类日常生活经验构成一个非常简单的印象和概念，——认为这是一朵红花

（或红花画）就是"美"，而由此引起的感觉便是"美感"。同时，他们又把这个现象同"意识是物质的反映"的哲学命题生拉硬扯地做一个简单化的比附，便以为这样就是"唯物主义"的"理论"解释。

但是，此种所谓"美学理论"，却经不起最简单的客观事实的一驳。

首先，人的一般的"感觉"和"美感"有质的区别。一般的感觉，并不因人而异，除了有生理缺陷的人（如色盲），红色总是红色，绿色也不会看成黄色，谁的眼睛看到的都完全一样；但"美感"则完全不同，它并不是人的自然本能，不是先天而是后天的。例如同一个"形象"（如红花），对某一社会集团或阶级的人们能引起"美感"，而对另外一些人却不一定能引起同样的"美感"。并且，还会有这样一种情况：某一特殊形象，在一定的时间条件下并没有能使某人引起"美感"（如幼童），但过了些年，当他经过了审美的教育之后，才会使他产生一定的"美感"。上述种种情况，一般的"感觉"活动中是绝不会存在的。这难道不都是不容争辩的铁的事实吗？

由此可见，某一个孤立的特殊事物的形象（形相）之引起人们的"美感"，绝不能把这两个方面简单地认作美学（哲学）中的"物"与"心"的"反映"关系。这是十足的庸俗化的见解，因为这种情况仅不过是日常生活中极其肤浅的表皮现象，它掩盖了审美活动的真正的、隐藏的本质关系。要透过现象而认识审美活动的真正本质，我们有必要先去解剖一下呈现为一般所谓"美感"这种心理活动的现象形态的真实性质。

在我们日常生活之中，大量出现着各种各样"美感"活动的心理现象——一朵红花、一片草坪、一幅图画、或一首乐曲，这些感性事物的形貌通过人的视、听两种感觉而引起的某些独特的心理反应——"美感"，因为它能激起人的情感反应而易与生理的"快感"相混淆；同时，它又常常和感性经验中的感觉表象相混淆——分不清"红的花"和"美的花"的本质区别。而特别是当人们欣赏一件艺术作品时引起的"美感"，"美感"

和"艺术"的关系更令人瞠目不知所措，有时甚至使人误认两者为"意识"对"物质存在"的关系，从而搅乱了美学研究领域中的"心"和"物"两个哲学范畴的严格界限，并造成一些逻辑和理论上的混乱和错误。例如，曾有位资深的美学家蔡仪断然申称云岗石雕的艺术品为"物质的客观存在"。"艺术"是属于"意识形态"的范畴，怎么能说是"物质存在"呢？

固然，从日常生活常识的角度而言，我们不妨说一件艺术品是"客观存在"着的"物品"，但此处讨论的却不是日常生活常识而是美学（哲学）的科学理论和科学的概念范畴。把艺术品称作"物质存在"，或甚至认为"艺术"既是"意识"又是"物质"。例如，有人就明确说："现实美是第一性的，艺术美是第二性的"。① 这样，他认为"美"既是物质又是意识，这是一种严重违反了形式逻辑的思维混乱，同时也表明了那种美学理论和观点的谬误性。如愿纠正这个错误，唯一的选择就是把"美"和"艺术"一起重归回到意识和精神的哲学范畴中去。

细察"美感"的心理现象的实现，是由两个方面所构成：一个是能引起"美感"的感性形象（客观世界中某一件特殊物品的形象，或一件艺术作品）；其次，它通过人们的感官感受到这一个"形象"，由于这一特殊的"刺激物"经感官的通途而作用于大脑皮层，并相应地产生一种所谓"美感"的心理状态——审美的感受和体验。以上这个心理现象，如果我们孤立地看待"美感"活动和引起美感的某一个形象，把它同我们的精神活动和许许多多复杂条件硬割裂开，就可能觉得，"美感"和那个引起美感的"形象"仿佛正是"意识"同"物质"的"反映"关系，其实大大不然。相反的，倘若我们考察这一孤立的现象时能深入地、周详地分析一下种种与之相关联的心理条件环境，就会发现，这个审美的心理活动远远不是一种单纯的

① 王宏建主编：《艺术概论》，文化艺术出版社 2000 年版，第 420 页。

感觉活动——"美感"之产生与存在,是和人的思维意识活动的许许多多复杂的条件相关联的。就拿一般的"感觉"来说,我们能感知一朵红花,总是在先看到过许多红花之后,把红花的状貌和色泽的一般特征抽象概括出来,又用"红花"这个语词作为标志,在头脑中构成了"红花"的表象,才能在看到某一朵红花时作出:"这是一朵红花"这样的感觉和判断。"美感"的心理活动也是一样,而且"美感"的产生又必须在一般感觉活动的基础之上更进一步。人们必须先在头脑中形成了(通过直接或间接的方式获得的)"美"的红花的观念(审美意识),然后才能在见到某一朵红花时作出"这朵红花是'美'的"这样的感觉和判断。客观存在的实际事实就是如此,物质世界中某一个特殊事物的形象(或一件艺术品),在一个没获得一定的审美意识(观念)和审美感觉能力的人的心目中,是不会引起"美感"的。换句话说,它必定要先在头脑中形成了一定的"美"的红花的观念(审美意识)之后,才能在见到这一朵红花(或红花的画)时产生"美感"的心理活动。

对于上述说法,也许有人会提出异议:"这是唯心主义!怎能说'美'的观念是先在头脑中形成的呢?"请别急,笔者所说的"先",是指"审美观念"先于"美感";其次,笔者也没有说过这些"美"的观念(意识)是头脑中主观自生的东西,是"先"于客观物质世界的。笔者还认为,这种审美意识的产生与存在,是有一定的客观"物质"根源的,是客观社会存在的"反映"。这又怎能算"唯心主义"呢?

由此,我们可以明确这样一点:"美感"(审美感觉)应有别于"审美意识"(美),正如感觉经验有别于思维理性一样。而引起"美感"的某一个事物,也只是一个孤立的形象,此二者决不能误认为"意识"和"物质"的哲学"反映"关系。在美学领域,所谓"心"和"物"应是指"审美意识"和客观的"社会存在"——"社会存在"(物质)派生出"审美意识"(精神),"审美意识"是"社会存在"的"反映"。恐怕这才是真正的马克思主义的解释。

　　由以上的讨论可知："美"实质上是属于"意识"范畴的东西——物质性的客观世界（社会存在）在人们头脑中造成了"美"的观念（审美意识），人们又根据一定的审美观念而创造了艺术，并按照同一个审美标准而去欣赏它；同时，又反过去把客观世界中某些类似于艺术的事物当作艺术品一样来欣赏——正因为在这种环境下的某些能引起"美感"的单个现实物品的真正性质不过是被人的头脑从客观世界中"割"离出来的一个孤立的形象（类似于艺术形象），我们绝不能错误地把它认作"物质"范畴的具体事例。从这个意义上说，研究或欣赏艺术的"形象"也好，欣赏或研究客观世界中的某些单个物品的"形象"也罢，都没有离开审美的意识范畴。这是美学领域中最为复杂难解的一个问题，要真正认识清楚这一点又确是十分困难的事情。

　　总括言之，"美"（审美意识）和"真（理）"（科学知识）一样，都是有客观的物质根源的，是客观物质存在的"反映"。但是，它们又都是属于人类的"意识"范畴的东西，并不就等于"物质"的范畴。"真理"是人类的思维头脑抽象概括（反映）客观世界的产物，它的具体形式是"科学"；"美"也一样，也同样是客观的社会物质生活的反映，它的具体的形式就是"艺术"。艺术乃是"美"的意识的结晶形态。所谓"结晶形态"，包含着以下两层涵义：首先，艺术（包括文学）作为审美意识的"结晶形态"，使它具有了可捉摸的固定状态和较稳定的性质，不像审美的意识活动因逗留于人们头脑中而具有极大的不稳定性和流动性。人们头脑中的审美意识和观念，只有通过艺术品才得以凝定下来，积淀起来并保存下来，才有可能成为美学研究的实际材料。其次，说艺术是审美意识的"结晶形态"，又不仅仅意味着前者只是后者消极被动的复制品，更深一层分析的话，两者是有着相互作用的辩证关系的。马克思曾说："艺术对象创造出懂得艺术和具有审美能力的大众，——任何其他产品也都是这样。因此，生产不仅为主体生产对象，而且也为对象生产主体。"① 这就是说艺术的产生，同时也反过去促成人们的审美观念和审美感受能力的形成和巩固。因为任何社会意识的活动，其最终根源虽说是反映了物质的产物，但它自身也还必须通过一定的社会交往关系，即人与人之间的意识交往活动才能形成。艺术的实践活动（艺术创作和欣赏的实践活动）就是审美的意识交往活动关系的有效中介。艺术活动可以使分散在各个人头脑中的"美"的观念和个别性因素一致化起来，原来不十分明确的审美观念凝练起来，进一步系统化和规范化，并把它的感性形象的形式完整性提高到相当的境地而成为一定的审美准则。因此，美学研究只能以艺术为唯一的研究对象。

由以上的讨论可知，日常生活中出现的一些所谓"美的事物"（所谓"自然美"或"现实美"），原来只不过是一些海市蜃楼式假象，正如我们"感知"到太阳从东方"升起"的假象一样，它掩盖了地球绕太阳旋转的客观事实，更欺骗了我们的思维头脑。"美"（审美意识）和艺术活动，都是人类的心智活动的产物，历史上某些唯心主义的美学家早已正确认识到这一事实。但他们的错误在于把人的意识、精神活动误认为"第一性"的东西，否认精神根源于物质的客观真理；但是，另外又有一些不彻底的唯物主义美学家虽然在原则上抽象地肯定了物质"第一性"的前提，但具体联系到美学问题却往往坠入庸俗机械论的陷阱——简单地把"美"归入"物质"的范畴就是最典型的事例。

---

① 马克思：《〈政治经济学批判〉导言》，《马克思恩格斯选集》第 2 卷，人民出版社 1995 年版，第 10 页。

三　艺术活动的客观物质根源（反映）

被黑格尔称作"形而上学"的 18 世纪的一些唯物主义哲学家和美学家，他们虽然原则上肯定了"物质第一性"，但一旦涉足到社会历史领域时总是惶惑无定，摇摆在唯物主义和唯心主义之间，充分暴露了旧唯物主义的不彻底性。在美学方面，他们又大都只能信奉一种庸俗机械论的观点。例如英国哲学家博克（Burke，1729—1797）认为："美大半是物体的这样一种性质：它通过感官的中介作用，在人心上机械地起作用"。[①] 但这种旧唯物主义很快地又被 19 世纪的辩证唯心主义所克服和取代，那就是从康德到黑格尔的古典哲学和美学。从我们今天的角度来看，康德到黑格尔的哲学和美学虽均属唯心主义的范畴，但众所周知，恩格斯曾把黑格尔的哲学称为："一种就方法和内容来说是唯心主义地倒置过来的唯物主义"[②]。这说明了 19 世纪的辩证唯心主义已大大超越了 18 世纪的机械唯物主义的认识水平。普列汉诺夫说得好："法国唯物论者们的形而上学方法和德国唯心论的辩证方法之间的关系，就如同低等数学和高等数学之间的关系。"[③] 马克思主义的哲学扬弃了德国古典哲学中唯心主义，当然更扬弃旧唯物主义的形而上学方法；但汲取了它们的"合理内核"——辩证法和唯物主义，

[①] 转引自朱光潜：《西方美学史》上卷，人民文学出版社 1964 年版，第 229 页。

[②] 恩格斯：《路德维希·费尔巴哈和德国古典哲学的终结》，《马克思恩格斯选集》第 4 卷，人民出版社 1995 年版，第 226 页。

[③] 普列汉诺夫：《唯物论史论丛》，人民出版社 1953 年版，第 119 页。

并由此创立了历史唯物主义哲学。从这个角度来说，19 世纪的费尔巴哈和车尔尼雪夫斯基的旧唯物主义哲学和美学，我们亦不应盲目迷信；而在某些方面，他们也远远低于黑格尔主义的成就，当然更不能和马克思主义同日而语。

历史唯物主义的"社会意识反映社会存在"的原则，是马克思主义区别于一切旧唯物主义的最根本之点，是马克思主义哲学的最核心的部分。同时，它又和"意识反映物质"的"反映论"原则有着不可分割的关系——后者正式包涵于前者之中，就像套在一起的大小不同的两个圈圈一样。因此，笔者认为在美学中的"物质"概念应与"社会存在"同义，马克思又称之为"物质生活"或"经济基础"，是一个总体性的哲学概念。如果把"物质"简单地理解为艺术创作或审美意识中"反映"出来的某些外界个别物品的形貌（如红花），以及"认识"、"揭示"（反映）了这类物品（花）的"本质"，这是把马克思主义的哲学唯物主义的庸俗化，实际上不过是 18 世纪的旧机械唯物主义的新翻版，和马克思主义风马牛不相关。

由此而言，在美学领域探讨"意识"和"物质"的"反映"关系，此处的"物质"的具体内涵即应指一定的社会物质生活（经济基础）：而审美意识（美）和艺术，即为一定的"社会意识形态"，其中所"反映"出来的某种精神性的内涵，又必然具有一定的社会生活（人）的性质规定。根据这个历史唯物主义的基本前提，在审美意识和艺术活动中出现的某些和人的社会生活无关的自然界物品的形象（即所谓'自然美'），仅不过是人的社会意识活动外"加"给它的一种"美"的涵义，而不是什么"人化自然"或"人和自然的关系"之类含混不清的折中主义的解释。换句话说，在审美意识和艺术中出现的所谓"自然美"的现象，内中所包含的精神性内容是"人"（社会）而不是"物"（自然界）。但最终说来，这种社会性的精神内涵（审美意识）仍为一定的社会物质生活的"反映"（物质第一性）

中国写实艺术
[南宋] 佚名:《出水芙蓉图》(公元 13 世纪)

（详见第五章）。

更深一层说，艺术（审美意识）的"反映"客观物质世界，同科学（理论思维）的"反映"（认识）客观物质世界又有本质上的不同；两者无论从"内容"和"形式"两个方面来看，均有着不能相互混淆或代替的本质性的区别。

首先，科学（包括哲学）的内容是对整个宇宙（自然和人）的客观规律性的思维认识——"真理"，它的形式是抽象的逻辑语言（形式）；而艺术则不同，它的内容则是人的意向和情感——"美"，它的形式是具体的形象。艺术的这种独特的形式又是人的精神活动的独特创造（这同科学所用的逻辑语言形式一样均为人的精神所创制之物）。但艺术和科学不同之处在于：艺术的形式，除了有一些并不去"摹仿"的外界事物的物态（如音乐为最典型的，它完全由人工创制的"乐音"形式）此外，还有相当多的一部分情况是它"摹仿"了客观世界中的某些物像而制成的"形象"形式——其中有的直接描摹了人的社会生活现象，也有间接地描写了与人的社会无关的自然界的种种物态。但无论描摹的是人还是自然，它们都仅仅作为一种用以构筑它的艺术"形式"的感性"材料"而已（决不是为了去"认识"它们的"本质"）。凡此种种艺术的形象形式，内中均深涵了一定的审美情感的内容。总之，艺术的内容是"情感"（意向），而科学的内容则为"认识"（思维）；两者绝不能相互混淆。

总括言之，"真"（理）和"美"（情）都是属于人的主观意识范畴的东西。只要承认"美"的意识属于"第二性"之物，便是不折不扣的坚持的唯物主义；然而，有些人却认为必须多多念"佛"（物）——必须把"美"（或"真"）认作为"物质"，或者和"物"硬扯上什么"关系"，把物抹上"人化"的油彩，才算"唯物主义"的美学，否则为"唯心主义"（?!）这纯粹是一种莫名其妙的讹解。什么叫唯物主义？无非是指的精神活动具有一定的客观物质根源而已，而决不是简单的把人的一切心智活动都当作"物质"——硬把精神归并入物质的范畴。[①] 由此而言，美学研究只能通过研究艺术活动这条唯一有效的途径而去研究"美"；同时，又必须更进一步去研究"美"（艺术）的心智活动所由产生的外部物质世界（人的社会生活）——两者之间的"反映"关系。恐怕这才是真正的马克思主义的观点和方法，才是"实事求是"的根本原则。

四　美学与艺术理论的区别和关系

　　笔者所提出的美学应以艺术作为唯一研究对象的观点，也许有人会提出疑问：美学的研究艺术和艺术理论（或艺术学）的研究艺术，两者有何区别？笔者认为：美学和艺术理论的区别和关系，就像哲学和具体科学的区别和关系一样，乃总体和局部、普遍和特殊的辩证关系。

　　在古代，由于实践能力和知识水平的低下，人们对于外部世界的认识既肤浅又笼统，因此早先的知识系统往往难以明确区分哲学和其他学科的界线，它们浑然一体地掺和在一个整体之中。例如古希腊有"自然哲学"，但没有类似近代实证性质的自然科学；古代也有一些不成体系的美学著述，但没有类似近代的艺术理论和艺术历史的专门研究。西方资本主

[①]　一部高校哲学教科书中说的好："把第二性的东西等同于第一性的东西，把精神等同于物质。……实际上是取消了主观，因而也就取消了真理，……"（谢龙主编：《马克思主义哲学原理》，人民出版社 1995 年版，第 243 页）

义社会兴起后，随着生产力和生产关系的飞跃发展和进步，在物质实践需要的强力推动之下，近代的各种实证科学才得以诞生。于是，愈来愈多又愈来愈细的自然科学和人文科学、社会科学得以从原先的处于混沌状态的知识体系中逐步分化出来从而形成各种门类的独立学科。哲学和其他各门具体学科（实证科学）由合而分乃是一种必然的历史趋势，而两者的合理分工又是为了达到进一步深化认识的目的。近代哲学既已认识到一切知识的基础离不开经验事实的确切认知，但对于包罗万象的大千世界，人们的头脑不可能用一种笼而统之的手段去掌握它，各种各样的事物必须交由各种门类的实证科学(具体科学)去探索，以准确认识它们各自的特殊规律；而哲学，则可以"坐享其成"，把各个门类的实证科学所获得的各种经验知识加以总括和抽象，从而得到一个对于整个世界的普遍规律的认识——即一种总体观。因此，哲学如果无视各种具体科学的成果而独自苦思冥想，必将成为无本之木、无源之水，堕落为黑格尔所称的"形而上学"的空论。美学和艺术理论的关系，就像哲学和各种门类的具体科学如物理学、生物学、历史学、法学等的关系一样，艺术理论应是指各种艺术门类如文学原理、音乐学、美术理论以及与之相适应的各种门类的艺术历史；而美学，则是从诸多门类的艺术理论中抽象、概括出来的有关艺术的一般性的原理（普遍规律），即文学和艺术的总论。因此，美学也同样不可能越过各种具体的艺术理论和艺术史而单枪匹马去独揽一切艺术门类的研究工作——既无此能力亦无此必要。

由此而言，过去曾以"艺术学"等名目出现的独立学科，它的生存空间就发生了问题。其实，所谓"艺术学"就像"科学"一样不过是一个抽象概念："科学"是各种各样的具体学科如物理学、化学、历史学等等的总称。世界上不存在一个抽象的"科学"；同样，"艺术理论"这个总体性的研究工作只能由美学（哲学）去担任，任何实证的学科都无能为力。由此而言，近年来出现的另一个叫做"艺术美学"（或"文艺美学"）的名目也同样难以成为一个独立的学科——美学既为文学艺术的总论，再给它冠以"艺术"的帽子，就纯属多余。因此"艺术学"也罢，"艺术美学"也罢，其实质性的内涵即为艺术哲学——亦即美学。（又回到了黑格尔！）

美学和艺术理论，此两者的具体研究对象和职权范围又是什么？亦需进一步探讨。

各种各样的艺术形式和门类，虽然它们都具有艺术之为"艺术"的共性（普遍性），但是这并不妨碍它们又具有各个不同的个性特殊性——每一种具体的艺术形式都具有它们所独有的某些特殊性，例如文学中把某些塑造的较为突出的人物形象称为"典型"，这个特点不能随便套用到绘画中的花鸟画或山水画；又如文学（主要指小说或戏剧）的某些流派可以冠以"现实主义"之称，到了建筑或音乐的领域（特别是一些所谓"无标题音乐"）就绝对不能通行。这些特征并不具有普遍意义，因此不是美学所应关注的对象，必须把他们排除在外。

然而，尽管各种不同的艺术种类、艺术形式各个相殊，但其间还是存在着某些共同的特性和规律（不然就不能都称为"艺术"了）。这种共同的本质和规律即存在于文学、戏剧、音乐、美术等等所有的艺术形式之中，它必须依靠美学去从中抽象概括出来。一般来说，以下一些方面是所有种类的艺术普遍地具有的：艺术的独特的形象形式，艺术的（有别于科学）独特精神内涵（情感）以及艺术的社会功能问题、艺术形式的分类问题，等等。贯穿于这些问题的中心线索，则是文学艺术和社会物质生活之间的反映关系——亦即美的意识的物质根源问题。

概括言之，美学只能在各门具体的艺术理论的基础之上总括出其间的普遍性的理论。更深一层说，美学和各门艺术理论之间有存在着相互依存和相互作用的骨肉情缘，谁也离不开谁——美学必须通过各门艺术理论获得普遍性的知识；反过来，美学所获得的某些普遍原则又对各门艺术理论成为一种研究方法，促使各门艺术理论能更深一层去探索它们的某些特殊规律。因此，两者可谓休戚与共，不可分割，"合之双美，离则两伤"——美学研究如果不去关注各门具体的艺术理论，就容易成为纸糊的空壳；同样，研究具体的艺术理论和艺术史的人如果不愿理睬美学，也容易迷失方向而误入歧途。美学和具体的艺术理论研究的关系，诚如康德的至理名言："思维无内容则空，直观阙概念乃盲"，斯之谓也。

总之，美学必须研究艺术，也只能研究艺术。时至今日，虽经常有人主张重点研究"自然美"，但却很少见到以"自然美"为主要对象的专著。这是什么原因？据笔者看来，恐怕是由于过去有些人一直不停地歪批"唯心主义"造成的后果——很多人由于这种环境污染而得了一种恐"心"病，一见到"心"、"精神"之类字眼便惊慌失措，如见洪水猛兽而趋避不及——不敢轻易地把"美"归入意识的范畴。其实，"唯心主义"与否，根本不在于断定"美"是否一种心智活动，而在于断定人的心智活动是否根源于客观的物质世界。客观存在的社会物质生活（社会存在）在人的心灵中反映为一定的审美意识（美），头脑中的审美意识又结晶成为具体的、可供研究的艺术品。美学如果不去研究艺术的实践活动（艺术的创作和欣赏的社会实践活动），还能研究些什么呢？

第一章

艺术创造的审美心理结构

一　"形象思维"论的历史功过

长期以来我们习惯于把艺术创作活动称之为"形象思维"，但据说，形象思维是"用形象来进行思维的"。果真如此么？"形象"自身能够独立地进行"思维"吗？甚堪怀疑。但是，对上述这种说法提出质疑之前，我们首先应该肯定以往的那种"形象思维"理论的积极的一面，不然，容易被人误解为完全抹杀它的历史功绩。

迄今为止，"形象思维"论的一个功绩，就是强调艺术创作是有"特殊性"的，尽管强调得不够彻底。例如有的论者虽然主张形象思维有特殊性，但却并不明确断言文艺和科学有本质的区别，故而这个所谓"特殊性"，往往是空的甚至是假的（详后文）。

这里不妨简略回顾一下这个"形象思维"理论的来龙去脉。

据笔者所知，在西方美学史上第一个把"形象"和"思维"联系到一起的是俄国的文艺评论家别林斯基（1811—1848）。在具体的说法上，他有时说："用形象来思索"，有时用"寓于形象的思维"。例如他说过："作为一个诗人——这意味着要用形象去思索"。① 在别林斯基的一篇著名的论文中，较详细地论述了诗人和哲学家的区别："哲学家用三段论法，诗人则用形象和图画说话，然而他们所说的是同一件事。……所不同的是只

---

① 别林斯基：《艺术观念》，《哲学译丛》1957 年第 2 期。

是一个用逻辑论证，另一个用图画而已"。① 这是大家都熟知的一段著名的议论，其中包含了后来某些人理解为艺术和科学的差别仅在不同形式的观点的萌芽。但是，纵观别林斯基的这些论述，也还是较含混笼统的。因此当后人进一步阐发这个"形象思维"理论时，就很可能把其中某些模糊甚至带有消极性质的方面扩大起来，使之走向歧路。

俄国十月革命之后，苏联的一些作家和理论家大都继承了别林斯基的这个观点并加以进一步发展。例如高尔基在《谈谈我怎样学习写作》中用的是"用形象来思考"和"用形象的思维"。但是第一个明确地应用"形象（的）思维"的概念则是法捷耶夫。他在 1930 年所作的《争取做一个辩证唯物主义的艺术家》的著名演说辞中，较详细地论述了他对"形象思维"这一概念的见解："艺术，特别是文学，首先同人类社会、同人及其生活打交道。然而，正像我们说过的那样，科学与艺术是通过不同的手段去解决这个任务的。大家知道，科学家用概念来思考，而艺术家则用形象来思考，这是什么意思呢？艺术家传达现象的本质不是通过对该具体现象的抽象，而是通过直接存在的具体展示和描绘。艺术家通过对现象本身的展示来揭示规律"。②

上述法捷耶夫的这种说法，从 20 世纪 30 年代至 50 年代，一直不容置疑地成为苏联的"形象思维"理论的经典定义。这个观点的最基本内容，就是强调艺术同科学具有完全等同的"认识"作用和功能。他们认为，艺术的"特点"（特殊性）只不过是用"形象"来取代了科学所用的"概念"形式而已，其内容、功能和目的不过是同科学一样"认识"和"揭示"现象（形象）中的规律，两者并无本质区别。这就是所谓"用形象来进行思维"的基本内容。这个理论自 20 世纪 40—50 年代传入我国，迄今有许多

---

① 别列金娜辑：《别林斯基论文学》，第 20 页。
② 《古典文艺理论译丛》第 11 辑，第 154 页。

学人仍毫不怀疑地信奉为唯一的"马克思列宁主义美学原则"。

但是我们知道，自20世纪50年代起苏联已有一些理论家对上述的"形象思维"理论提出过异议。例如较有名的尼古拉耶娃在1953年发表的长篇论文《论艺术文学的特征》，就指责过某些"形象思维"理论对艺术的"特殊性"重视不够，她强调指出：艺术和科学不能"等量齐观"，否则"就会使艺术失去特征"。她又说"形象思维"和"逻辑思维"两者"无论在形式上或内容上，其本质都是完全不同的"。但是，尽管尼古拉耶娃口头上承认两者的"内容"有着"本质"不同，而实际上，她也仍然认为艺术不过是用"形象"为形式，其"内容"和科学仍无不同。例如她说："形象思维的特征是：在形象思维中对事物和现象的本质的揭示、概括是与具体的、富有感染力的细节的选择和集中同时进行的。只有把内容的这种特征与形式的特征统一起来，才能产生真正的典型和真正的艺术文学作品。"[①] 由此可见，她所强调的艺术的"特殊性"，仍是空无实际内容的。事实上，只要谁还保持着把艺术创作活动看作是"用形象来进行思维"——"认识"、"概括"和"揭示"事物现象中的"规律"（其实也就是一种图解性科学知识），强调艺术的"特殊性"就必定是白费力气，就像孙悟空翻不出如来佛的掌心一样。

李泽厚先生是近年来国内最早对上述见解提出异议者之一。他指出："总之，把艺术简单地说成只是认识，只用认识论来解释艺术和艺术创作，这一流行既广且久的文艺理论，其实是并不符合艺术作品和艺术创作的实际的。""情感性比形象性对艺术来说更为重要，艺术的情感性常常是艺术生命之所在。"[②] 这是十分正确的见解。

长期以来，不少学人也一直在寻找文艺创作中的"公式化"、"概念化"

---

① 《苏联文学艺术论文集》，学习杂志社1954年版，第145—181页。

② 李泽厚：《形象思维再续谈》，《文学评论》1980年第3期。

和"图解化"倾向的思想理论根源。目前大多数人也都意识到，过去正是由于不承认文艺创作的"特殊性"，才直接产生了"概念化"的弊病。然而，迄今仍有很多人又往往止步于这个"特殊性"的词面上，不敢去涉及真正的具体内容——文艺和科学是有本质区别的精神活动，正在于文艺不是像科学一样去"认识"、"揭示"事物现象中的"规律"。这一点，可能正是使许多人临而生畏，望而却步的要害之处——惧怕有些人不停地挥舞的"反理性主义"的大帽子。然而，事情的严酷性又正在于此，这是无法回避的问题——如果你要断定文艺有"特殊性"，就必须承认文艺和科学有本质区别，否则，"特殊性"只能是空话或遁词。

忽视文艺"特殊性"，把文艺性质混淆于科学，其实这种理论的最早萌芽还在别林斯基的美学思想，例如别林斯基的一个极有名的说法："以一个挑水人表现许多挑水人"，一直为后人广泛引用。从这一说法引申，人们往往进而论断：描绘一匹马的绘画，就"反映"、"认识"了马的"本质"，等等诸如此类。于是，人们就把"形象思维"简单地理解为用一个"形象"去"认识"、"揭示"（思维）这一个别现象所属的某一类事物的"本质"。这正是文艺创作中的"公式化""概念化"的最根本的思想理论病根。如果不彻底抛弃这个"理论"，"公式化"、"概念化"必定长命百岁。

于此看来，我们是否应抛弃苏联那种认为艺术具有像科学一样的"认识"性质和功能的不正确见解——"艺术家通过对现象本身的展示来揭示规律"（法捷耶夫语）。只有另辟蹊径，我们才能找到康庄坦荡的阳关大道。

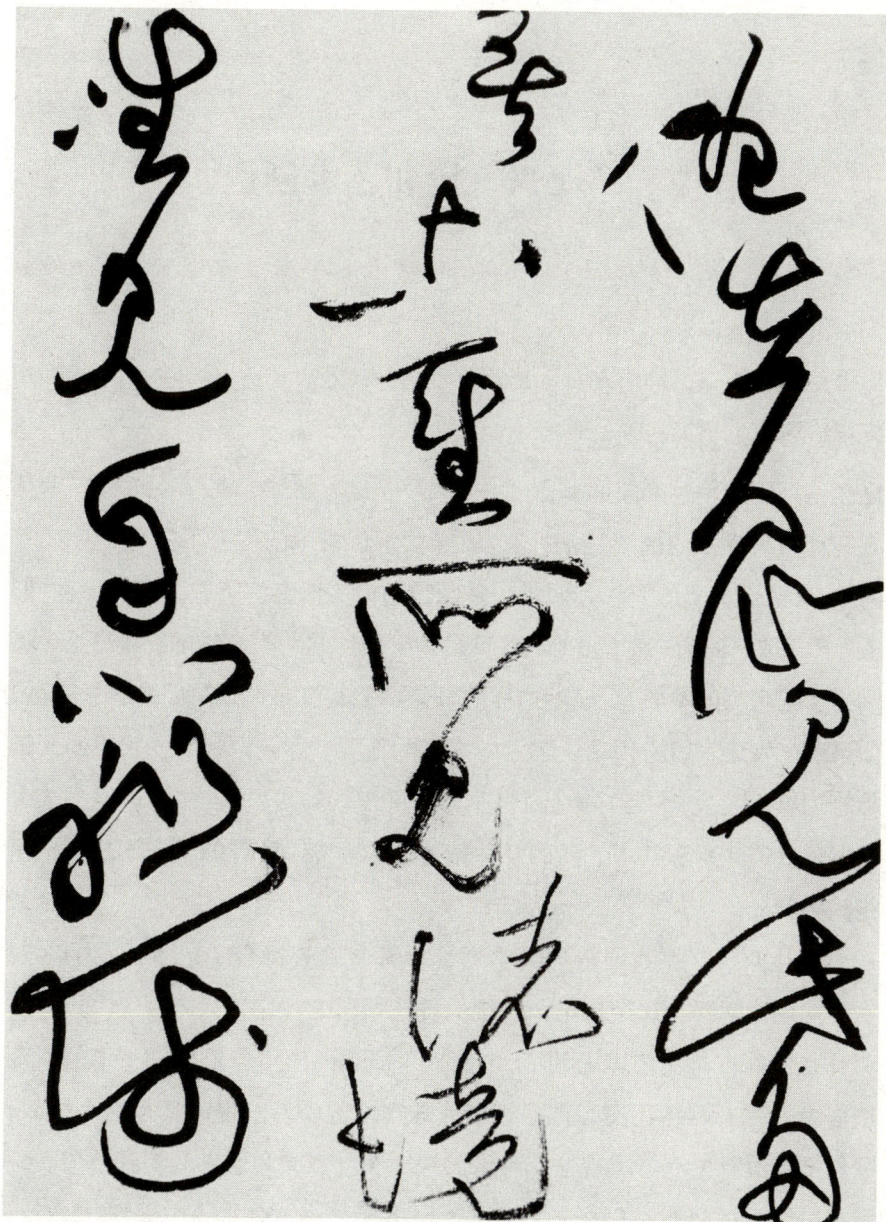

中国准抽象艺术

［北宋］黄庭坚：草书《诸上座帖》（局部）（公元 11 世纪）

二 "比兴"论和艺术创造

　　纵观上述那种俄国传统的"形象思维"理论，其基本症结有二：第一，既然他们认为艺术是和科学完全等同的"认识"活动，那么，艺术的内容自然就只能是一种抽象的概念了；如果要把艺术区别于科学，承认艺术具有一种与科学不同的"特殊性"，就必须承认艺术的内容不应是一种抽象的知识(认识本质的概念) 而是一种独特的审美情感。第二，既然那种"形象思维"理论认为艺术的"形象"只是为了表述某一类事物的种类概念(画马为了揭示马的本质)，显然这样的"形象"充其量不过是"马"的科学图谱；如果要区别之，就必须承认艺术中描摹的物象 (形式) 和所要表述的 (精神) 内容不是完全一致的 (画马非为"认识"其本质)，换句话说，艺术的形象 (形式) 和其中包涵的某种精神性的内容，两者的关系不是直接而是间接的。

　　上述两点，在我国古典美学理论中都有着较符合于艺术活动的客观实际的理论解释。这个理论，传统的说法即谓之"比兴"。

　　在中国古典文艺理论领域，"比兴"概念的应用原是比较狭窄的。确切地说，古人始终还没有把它超越诗歌理论的疆域。也许正是这个缘故，我们迄今没有去充分重视这个理论的深刻美学意义和巨大的实践价值。

　　"比兴"的概念，早在先秦时期就已出现了。如《周礼》中提到："六诗：曰风，曰赋，曰比，曰兴，曰雅，曰颂"。孔子也曾论及诗歌的"兴、观、群、怨"的性质和功能。到了六朝时期，刘勰才开始对"比兴"概念有了更深入的理论说明："故比者，附也；兴者，起也"。"起情故兴体以立，附理故比例以生"（《文心雕龙》）。

进入唐代，随着诗歌创作的高度繁荣，对"比兴"的阐释也更进一步，释皎然的《诗式》中说："取象曰比，取义曰兴，义即象下之意。凡禽鸟草木人物名数，万象之中，义类同者，尽入比兴"。而唐末司空图的诗论中，对"比兴"的见解显然又更上一层楼，他似乎已有意无意间涉及到它的美学灵魂。例如他说："古今之喻多矣，而愚以为辨于味，而后可以言诗也。江岭之南，凡足资于适口者，若醯，非不酸也，止于酸而已；若盐非不咸也，止于咸而已。华之人以充饥而遽辍者，知其咸酸之外，醇美有所乏耳"（《与李生论诗书》）。他又曾在《与极浦书》中说："戴容州云：'诗家之景，如兰田日暖，良玉生烟，可望而不可置于眉睫之前'。象外之象，景外之景，岂容易可谭者"。司空图的这些观点，到了宋代又为苏东坡极度称赏，并加以进一步引申发挥。苏轼，既是诗人又是画家，因此他不仅用"比兴"理论解释诗词，而且又用来说明绘画。苏东坡更明确地指出诗歌与绘画都表现了一种"味在咸酸之外"的"美"。如他曾提到："司空图表圣，自论其诗，以为得味于味外，""饮食不可无盐梅，而其美常在咸酸之外"（《书司空图诗》）。他又一再提出：诗歌或绘画，都应表述一种"象外之意"，不然即是"论画以形似，见与儿童邻"（《书鄢陵王主簿画折枝诗》）。这个观点的具体涵义是：艺术形象中蕴含的内容应是超越这些形象本身之外的东西，而不能执著于所描摹之物本身，艺术形象不仅仅是为了"认识"所描摹事物的某种知识（"对本质的认识"）——画一匹马只是为了告诉别人这就叫"马"的一种动物；艺术的真正内容，还须求诸"象外"。这就叫做"借物（自然）咏情（人）"。换句话说，艺术形象（物象）和所表现的内容(情)是一种间接性的关系，而不是像前述那种俄国传统的"形象思维"理论简单地以为两者完全是一种直接的"立竿见影"式的关系（画马只为表现马的本质）——尽管画的是自然的马的形象，表述的却是人世之情。这就是我国的古典文艺理论远较俄国传统的"形象思维"论的高超之处。

浩如烟海的中国古典诗歌宝库中，状景物以寓意抒情的"比兴"手法早在《诗经》中已大量出现，而后世数量惊人的"山水诗"更是无法一一枚举，"山水画"亦然，在中国绘画史上后来竟成了其中的主流；而吟咏花鸟的诗画，这里也很难挂一漏万地来举例了，总之，"比兴"的艺术手法，就像刘勰《文心雕龙》中所说："兴之托喻，婉而成章，称名也小，取类也大"。关键的关键，就在这个"以小喻大"，"以此喻彼"。这里包含着两层意思：其一，这种"比兴"形象所描摹的事物的范围虽小，但寓含的内容及意义却远远超越这些事物本身之"外"；其次，所状摹之物（象）和所表述的艺术内容，两者的关系是完全间接的。比如，无论是诗歌或绘画中描摹了一些自然物象，其中的都是为了喻指某些社会生活（人）的情状，如以苍松翠柏譬喻人事中的刚直狷介的品性。梅兰水仙以拟"高洁"的"隐逸"情操，等等。

但是，以上所谈的是山水花鸟题材诗画的情况，只是限于艺术领域的一部分情况。在广袤的艺术世界内，还有其他许多艺术种类如小说、戏剧等，它们有没有类似自然物象题材的诗画的那种"比兴"的性质呢？诗歌、绘画中也常有描绘古人古事的历史事件以"借古咏怀"，依此看来，小说、戏剧中所用的历史题材，不也正是一种"比兴"的艺术手法么？更而，即使是状摹了当代生活的现象的艺术作品，其形象（形式）与它的内容（情感）之间，是否就一定是"直接"的关系？（描绘一个"挑水人"就直接表现了挑水人的普遍"本质"），两者之间是否也存在某种间接性的"距离"呢？这些都是值得进一步去探讨的问题。还有，艺术领域有一些根本不用去模拟物象的形式，例如"无标题音乐"、工艺美术中的纯粹"抽象"的几何图案、抽象绘画及雕塑等。这类艺术形象，其内容和形式之间显然也存在着间隔性的距离。上述种种，都是值得我们去深入探讨的美学问题。

上述关于诗歌与绘画中的情况（特别是一些采用自然物象为题材的作品），其"比兴"的性质是明白易晓的；而困难的是对某些"模拟"性质较强的艺术种类如小说、戏剧等的解释。一些小说、戏剧等体裁，更多的是采用了当代社会生活的现象作为描摹对象（题材）。这一类艺术形象，描摹了某些生活现象，但它和其中所要表述的内容（情感及思想）之间有没有一种"比兴"的性质呢？从表面上看，它所模拟的对象和其中蕴含的内容之间具有直接的联系（似乎描摹了农民生活即表现了"农民阶级"的普遍"本质"），但两者（内容和形式）之间会不会也存在一定的"距离"呢？这也是一个饶有兴味的研究课题。

诗歌中咏史，是"借古讽今"，目的还是抒发当代人的胸臆，绘画亦然。南宋初年的宫廷画家李唐，因痛半壁江山沦亡，忧愤古事，实质上内容完全是当代人的爱国精神，这就叫"借古咏怀"。显然，这种历史题材如果在另一些叙事性的小说戏剧中出现时，它当然也是属于一种"比兴"的美学性质，（郭沫若称他的历史题材剧为"借古人之皮毛"）。清代洪昇创作的戏曲《长生殿》中就明确道出了他的创作旨意："借太真外传谱新词，情而已。"（《长生殿》第一折"楔子"）。可见，戏剧的形式中也有"比兴"手法的应用，它模拟的是古人古事，而其中真正的内容——"情"，却完全是当代人的，洪昇正是"借"了唐明皇和杨贵妃的爱情故事作为一个线索和支架——以两性之间离合悲欢的事件为楔子，其真目的是为表述一种远远超过这个具体事件之外的"情"。正是这一种特殊形式的"象外之意"。

这里我们可以窥测到一个关键性的奥秘——古往今来浩如烟海的艺术作品中，为什么描写两性关系的题目数不尽也道不完。除了那些不入艺术品类的言情黄色作品外，能称得上真正的艺术品的东西，细察它们的真宗旨，从来也不是仅仅停留在两性之情的肤浅描写之上，从来也总是把"爱情"事件仅仅作为一种线索来表现远远超出这些现"象"之"外"的内容。

稍晚一些时候出现的《红楼梦》，其真实的美学性质亦是如此。

曹雪芹自称《红楼梦》一书不过"大旨谈情"（见于第一回）如不加深究，很容易被他"瞒蔽了去"（脂砚斋批语）。事实上，曹雪芹所要表达之"情"，也远远超出了两性关系的范围，而表现了一种悲天悯人的人道主义感情。（请参看本书"附录"中的《大旨谈情》一文）

综览上列一些作品的基本美学性质，它们的形式（形象）和内容（情感）之间也都有一定的"距离"；它们的艺术形象也仍属一种比兴的形象。如《长生殿》那样还是比较明显的；但《红楼梦》就更隐晦一些，《红楼梦》中把爱情故事作为一个引线，逐步指引读者去进一步感受到作者要表述的"言外之情"。可见以当代现实生活为题材的作品，其形象形式和它的情感内容之间也可以有一种"以小喻大"和"以此喻彼"的关系，所以也还是应有某种"距离"的。再以鲁迅的《阿Q正传》为例，如果按照以往的"形象思维"理论，"阿Q"这个人物形象所描摹的是一个贫苦农民，因此所表现的就应是贫苦农民的"阶级性"普遍本质。这个问题，20世纪50年代就引起过激烈的争论。今天，坚持说"阿Q"这个典型人物身上表现的就是农民的"阶级本质"（"精神胜利法"等），这样的人已经不太多了。事实上《阿Q正传》的形象（形式）和内容（对"精神胜利法"的讽喻鞭挞）之间也是存在着间隔性的"距离"的。鲁迅先生在这部小说中针砭的"胜利精神法"等思想病症，但这种病症往往超越了旧中国的"农民阶级"的范围。因为在当时，这类思想毛病不仅在一些农民身上存在，而在其他一些统治阶级的人身上也许更为普遍而严重。但是鲁迅却偏偏把这种恶德去安置在一个远处穷乡僻壤的目不识丁的农民身上，这正是故意制造"距离"。其实这也是一种特殊的"比兴"手法。这个事实，如果用那个俄国传统的"形象思维"理论是永远也无法正确解释清楚的。

最后还要涉及以下另一类"非具象"（抽象）性的艺术形象。音乐是最有代表性的。这类艺术形象不用模拟客观事物现象，这种纯粹由人工制造出来的艺术形象尽管在现实中找不到它的"蓝本"，但它的实际性质也正是一种"比兴"的独特形式。当然，这种"抽象"性的形象比那些模拟了一定物象的形象来，涵义更要隐晦，因此也就更难以确切理解和解释了。

举例说，西方高度发达的交响音乐，人们如果没有受过足够的音乐教育，不但我们隔了一层的东方人不易接受和理解，就是生活在他们自己乡土上的西方人，如无良好的音乐教育，也同样会漠然无所动（正如马克思所说的"非音乐的耳"）。因为这种特殊的艺术形式同语言文字的性质更为相似，它完全是一种人工制造的，**约定俗成**的东西。如果人们不识字（语言）这种"符号"，就根本读不懂书，也就根本无法去领会其中的内容意义；欣赏音乐也一样，如果不熟习那套乐音运动的"语言"，也无法去领会它所"比拟"的某种情绪思想。同样，中国的书法艺术亦是如此，人们如果不经过一定的审美教育，就无法懂得书法形式的"线"、"点"结构的艺术美的原则，也无法进一步去感受和领会那些燕瘦环肥的各种艺术风格中寓含有民族性的情趣内容，而且还具有一定的时代风尚的特点。这就表明了其中的内容完全是社会的，而表达的形式却是一种人工创造的"符号"。两者也是不同因素的相结合。由此看来，对于上述种种，从艺术"比兴"这个甬道中去摸索探求，这个研究领域的天地将是无比广阔的，只是我们过去一直没有去注意这个"世外桃源"罢了。

总之，艺术创造活动和科学的认识（本质）是截然不同的。由以上所谈的种种实际情况来看，我们必须下决心彻底抛弃长期以来占统治地位的那种俄国传统的"形象思维"理论，而考虑重新创立并承认艺术的形象（形式）和其中的情感（内容）两者应是一种间接性的审美心理结构；艺术创作的活动是把两种原来互不相关的因素作审美心理的特殊建构——即"比兴"的艺术创造活动。

三 艺术形象是一种情感"符号"

20 世纪之初，从德国和欧洲掀起了一种所谓"格式塔"思想（Gestalt-einheit）的潮流，始于心理学领域等。于是，"符号学"、"系统论"、"结构主义"、"信息论"、"控制论"等如雨后春笋般纷纷绽现，实际上都是这一思潮的各个侧面和部分。它的一个最基本的思想核心，就是把所研究的对象看作一个有机联系的整体——各种组成部分合成了这个**整体**的密切不可分割的**结构系统**。这个思潮中和我们学科（美学）的关系最密切的部分，也许应是在语言学领域出现的"符号学"。它不仅使语言科学研究开创了一个新纪元，而且在今后的人文科学领域或也存在着一个未可限量的广阔前景。

"格式塔"心理学的创始人马克斯·惠太海默（Max Wertheimer，1880—1943）等人创立的这个新学说，据说"为拯救心理学避免无意义的'相加而成的关系'（Sinnlose Und-Verbindungen，惠太海默语）而引向现象和整体的自由研究。"①"格式塔"（Gestlalt）这个德语的涵义是"完整的形体"，意思也就是说它研究的是**整体**（Wholes），它的对象也就是人们所称的**现象**（Phenomena）。"整体"是由"部分"结构而成，因此"整体"也就是一种"**结构**"起来的"**系统**"（System）。确实，人们在自然科学中也已发现，各种元素之相结合，绝不是一种简单的"相加"的关系。举例说，"水"的分子是由"氢"和"氧"两种元素所构成，然而作为化合物

---

① E. G. 波林：《实验心理学史》，商务印书馆 1981 年版，第 679 页。

的"水"的性质和它的两种合成的元素（"氢"和"氧"）的可观察的特性是截然不同的（能**灭火**的"水"是由两种**易燃**的气体所结构而成）。人们发现，化合物的特性主要依赖于元素在结合中形成的**关系**（结构系统）。这是确凿的客观真理，当然也不会违背于马克思主义。

同"格式塔"心理学产生的同时，在语言学领域也掀起了一场革命，瑞士的语言学家费尔迪南·德·索绪尔（Ferdinand de Saussure, 1857—1913）是 20 世纪初最著名、影响最深远的语言学家。他所提出的"符号学"（Sémiologie）正是针对当时流行的"新语法学派"所习用的实证主义方法和观点——他们只从心理方面去研究个人语言中各种孤立又琐碎的材料，因此不免使人有支离之感，造成了世人所称的"原子主义"之病。索绪尔的"符号学"的基本精神，正是注重语言研究的**整体**性，重视对语言中的各种构成因素之间的结构、系统及功能的研究。这也正是一种"格式塔"原则。

索绪尔指出："语言是一种表达观念的**符号系统**"。这个心理活动的"系统"，由两个不同的部分（元素）所**结构**而成。这两种"元素"，一个是语言的"符号标志"（Signifiant，或译"能指"）；另一个是它所表征的精神内涵（Signifié，或译"所指"）。前者是一种"音响形象"，后者是抽象的概念。索绪尔说："语言符号联结的不是事物和名称，而是**概念和音响形象**"。① （着重点均为引者所加）。对于"符号"（Signe）的概念。索绪尔又说："至于符号，如果我们认为可以满意，那是因为我们不知道用什么去代替，日常用语没有提出任何别术语"。② 但是，更值得注意的是索绪尔又说出了如下一些极其重要的思想："因此，我们可以设想有**一门研究社会生活中的符号生命的科学**；它将构成社会心理学的一部分，因而

---

① 索绪尔：《普通语言学教程》，商务印书馆 1982 年版，第 37 页。

② 索绪尔：《普通语言学教程》，商务印书馆 1982 年版，第 102 页。

也是普通心理学的一部分；我们管它叫符号学（Semiologie，来自希腊语 Semelon）。它将告诉我们符号是由什么构成的，受什么规律支配。因为这门科学还不存在，我们说不出它将会是什么样子，但是它有存在的权利，它的地位是预先确定了的。语言学不过是这门科学的一部分，将来符号学发现的规律也可以应用于语言学，所以后者将属于全部人文事实中的一个非常确定的领域。"① （着重点原有）

概观索绪尔的这种语言学研究的新思想，有以下几个重要方面：

1. 索绪尔提出的"符号学"，实质上是一种有关人文科学（社会科学）的基础理论；对于一些具体门类的学科（如语言学），"符号学"就具有一种方法论的意义和性质。

2. 从"符号学"作为方法论的观点来分析语言的性质，索绪尔把语言分解为"精神内涵"（Signifié，或译"所指"）和"符号标征"（Signifiant，或译"能指"）两种"异质同构"（Isomorphism，"格式塔"用语）的构成元素。既然索绪尔认为，"语言比任何东西更适宜于使人了解符号学问题的性质"②，"语言学可以成为整个符号学中的典范，"③ 那么，"符号学"也许有助于理解和解释人类精神现象的普遍性质，——其中自然包括艺术活动这种极其重要的精神现象。

3. 索绪尔的时代，"符号学"尚处于襁褓中；索绪尔之后，已有人将这个学说积极地加以推进（如语言学领域的"结构主义"学派，以及美学中的"符号学美学"等，但我们还只能认为"符号学"迄今为止尚在发展中。它还是十分不成熟的，有待于今后努力建设这门新学科。

有趣的是，如果我们用"符号学"这种最新的西方学说去分析研究艺

---

① 索绪尔：《普通语言学教程》，商务印书馆 1982 年版，第 38 页。

② 索绪尔：《普通语言学教程》，商务印书馆 1982 年版，第 103 页。

③ 索绪尔：《普通语言学教程》，商务印书馆 1982 年版，第 103 页。

术问题时，我们将会发现，它竟和我国最古老的传统艺术理论——"比兴"之说——殊途而同归了。虽然两者对问题的提法、论证方式以及用语等均相悬殊，但两者的精神实质却是如此相近。这是不能不令人惊奇的事情。

也许东方古代精神确实有它自己特异的秉性。我们古人的思维头脑和感觉器官往往像一支细长而锋利的针椎，一下子能很深刻地刺中事物的本质要害；但同时又正好是它的弱点——所涉及的方面往往是比较狭窄的。例如"比兴"的问题，如果我们不是用现代人的目光去分析它的话，其要点是不易真正发现的（其弱点也同样难以清楚）。中国古典文艺理论中提出的"比兴"概念，前文谈及，古人一般地把它仅作为一种"诗法"理论来阐说的；到了唐宋之际，从司空图到苏东坡才有意无意间涉及到更深一层的美学涵义，但也还是比较模糊又笼统的。如司空图说的："超以象外，得其环中"（《二十四诗品·雄浑》），到苏轼一再论述的"象之外意"，——他们所提出的"象"和"意"等这些概念，究竟其外延和内涵是什么，都未见明确的界说（也许他们自己也并未搞清楚）。因此不能不认为这些古典艺术理论还是有一定的历史局限性的。他们所用的那些概念总有较大的"模糊性"，从而也是不够完美的。但有一点还是清楚的——即他们确信艺术活动中的"象"（形式）和"意"（内容）是两种不同东西的相结合，而不是一种简单的直接性的关系，恐怕这是他们所说的"象外"概念的最关键性的涵义。

由此看来，我们从"比兴"理论和现代西方的"符号学"之间可以找到一个共同之点——用一般符号学所下的定义来说："一种符号，可以是任意一种偶然生成事物（一般是以语言形态出现的事物），即一种可以通过某种不言而喻的或约定俗成的传统或通过某种语言的法则去标志某种与它不同的另外事物的事物"。①

---

① 苏珊·兰格：《艺术问题》，中国社会科学出版社1983年版，第125页。

　　当然，迄今为止的符号学也是远远不够完善，它的创始人索绪尔当年就直言不讳承认符号学"还不存在"，"我们说不出它将会是什么样子"。但实际上"符号学"的一些最基本的概念还是索绪尔奠定的，而把它较成功地应用于美学领域，则是美国当代著名的哲学家苏珊·兰格。

　　苏珊·兰格（Susanne K. Langer）根据一般符号学的原理去考察艺术问题，首先她指出艺术形象作为一种"符号"来说，是有别于一般语言符号的一种特殊的符号——情感符号。艺术符号和一般语言符号所标志内容的最根本的区别在于前者是一种情感意蕴，以别于一般语言符号中的抽象的概念内涵。兰格指出："所谓艺术品，说到底就是情感的表现，……它所显示出来的是一种由感知、情绪和那些较为具体的大脑活动痕迹组成的结构，即一种不受个人情绪影响的认识结构"。[1] 兰格又着重强调，艺术中蕴含的"情感"，是一种具有普遍性的"人类情感"，它严格区别于一些个人的琐细的日常生活感情（此点容第三章中详谈）。

　　索绪尔又一再强调："语言活动有个人的一面，又有社会的一面。"[2]"语言是一种社会制度。"[3]"语言是一种约定俗成的东西，人们同意使用什么符号，这符号的性质是无关轻重的"[4] 但是索绪尔没有进一步具体论述他所使用的这个"社会"概念的内涵，他只是笼统简略地认为社会即意味着多人的群体活动（"约定俗成"），才产生了语言活动，语言具有不以人的主观意愿为转移的客观必然性。是一种社会产物，等等——这也都是正确的。因此索绪尔的这些见解，是值得重视的。

　　马克思曾经着重指出："社会"这个用语的意义是非常大的。马克思说："社会——不管其形式如何——是什么呢？是人们交互活动的产物。人们

---

① 苏珊·兰格：《艺术问题》，中国社会科学出版社 1983 年版，第 25 页。

② 索绪尔：《普通语言学教程》，商务印书馆 1982 年版，第 29、37、31 页。

③ 索绪尔：《普通语言学教程》，商务印书馆 1982 年版，第 37 页。

④ 索绪尔：《普通语言学教程》，商务印书馆 1982 年版，第 31 页。

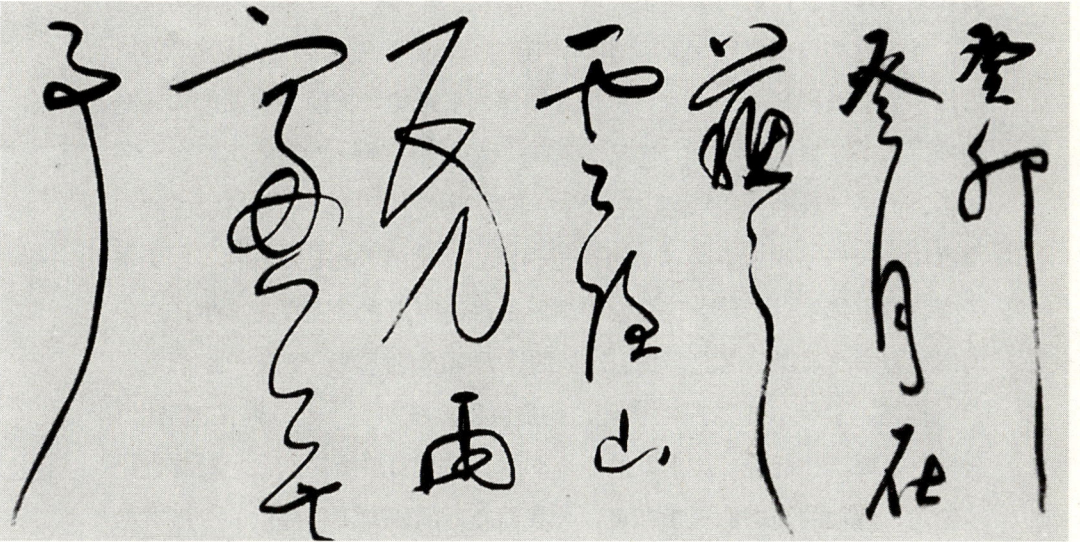

中国准抽象艺术

［明］董其昌:《行草书札》（公元 15 世纪）

能否自由选择某一社会形式呢？决不能。在人们的生产力发展的一定状况下，就会有一定的交换和消费形式。有一定的生产、交换和消费发展的一定阶段上，就会有相应的……市民社会"①，列宁更明确地指出："马克思以前'社会学'和历史学，至多是搜索了片断的未加分析的事实，描述了历史过程的个别方面。马克思主义则指出了对各种社会经济形态的产生、发展和衰落过程进行全面而周密的研究的途径，它考察了一切矛盾趋向和总和，并把这些趋向归结为可以明确判明的社会各阶级的生活和生产条件，排除了人们选择某一'主导'思想或解释这个思想所抱的主观态度和武断态度，揭示了物质生产力的状况是所有一切思想和种种趋向的根源"②。一句话，所谓"社会"，就是指人们在一起的物质生产活动中自然生成的一个群体。我们不知道索绪尔是否读过马克思主义的著作；当然我们也更难以断言，索绪尔对"社会"概念的理解是否还停留在马克思主义生产之前的旧社会学的观点。因此，我们对他的这方面的见解就不便再多加评议。

但是，索绪尔的"符号学"理论的最值得重视的一点是，他又提出"符号学"是属于"社会心理学"的一个部门。虽然对这个问题他也没有进一步论述，但他的简略的提示却可以为我们今后的研究工作提供一个极有参考价值的意见。

恩格斯在谈到政治经济学问题时指出过："经济学所研究的不是物，而是人和人之间的关系，归根到底是阶级与阶级之间的关系；可是这些关系总是同物结合着，并且作为物出现"。而这一点，曾经"在资产阶级经济学家头脑中引起过可怕混乱"。③ 原因就在他们弄不清楚那些以"物"

---

① 马克思：《致帕·瓦·安年可夫》（1846 年 12 月 28 日），《马克思恩格斯选集》第 4 卷，人民出版社 1995 年版，第 532 页。

② 《列宁全集》第 21 卷，人民出版社中文第 2 版，第 38 页。

③ 恩格斯：《卡尔·马克思〈政治经济学批判。第一分册〉》，《马克思恩格斯选集》第 2 卷，人民出版社 1995 年版，第 44 页。

出现的经济现象（如商品）的本质是一种社会性的人与人的关系，不过是"与物结合着，作为物出现"。马克思主义所说的"人"，又不是指一些孤立的个人而是"一切社会关系的总和"①。这些都应该是马克思主义的基本常识。从这个意义上说，我们研究人类的心理活动的事实，也同样不能局限于一些孤立的个人心理现象的静观分析，而必须进入动态的社会心理的广袤领域。因此，艺术活动中的"情感"（内容）和"形象"（形式）之间美学的结合，同样也不是单纯的个人（艺术创作者）心理活动的结果；更重要的一种"黏合剂"，是马克思主义的历史唯物主义所指明的一种所谓"社会交往"（Social intercourse）关系，是社会实践的历史产品。这样，我们的研究工作碰到最大一个难题是：如何把艺术创作活动的审美心理分析同对社会历史（心理）现象的研究有效地相结合起来。

艺术品的创造，是意识活动的结晶，是精神劳动的生产物，它有别于为满足人们物质生活需要的篮子、鞋子之类物质消费品。但是，就两者同为社会实践活动这一点来说，其实质却并无区别——艺术家之"生产"（创作）一件艺术品，就同工人制造一双皮鞋一样，制造的目的同样都是为了消费。艺术品也是为了"消费"者（欣赏艺术的公众）的客观需要而创作。一群演员演戏，如果观众不来买票剧场空无一人，就决不会有照常演出这种怪事。艺术品不仅同其他物质生产品一样具有一定的"使用价值"，而且还可以有"交换价值"，因为它终究也是一定的社会交往关系的产物。当然，艺术实践活动中的"生产"（创作）和"消费"（欣赏）的社会交往关系远比一双皮鞋或一个篮子的制造和使用情况复杂得多，但基本性质实无二致。因为从马克思主义的社会学的角度来说，艺术品总是体现了一定的社会集团的某种共同的审美意趣和情绪；而艺术家不过是这种精

---

① 马克思：《关于费尔巴哈的提纲》，《马克思恩格斯选集》第 1 卷，人民出版社 1995 年版，第 60 页。

神活动的物质负担着，他不过是把一定的社会（审美）心理用艺术的"符号"加以结晶化而体现出来罢了。由此而言，艺术的实践活动，决不仅是艺术家一方孤立的"创作"活动，而是广大的艺术欣赏的公众同艺术品的制作者齐心协力、共同合作的"创造"活动。从这一点来说，我们研究艺术创造的心理机制，自然就不应仅仅着眼于艺术家个人的审美心理而必须广泛地涉及公众普遍的社会审美心理的活动了。然而，对于后者的研究，显然其困难的程度较之前者要大得很多——因为它的研究范围大大越出了艺术活动自身的疆界，从而广泛地涉及到经济、政治、伦理、风俗等一系列社会生活的各个不同的领域。这样，对于艺术研究工作来说，它的研究领域几乎是成倍地陡长，显然是不胜负担的了。

试以鲁迅先生的《阿Q正传》为例，对《阿Q正传》的研究和解释，20世纪50年代就引起过一场激烈的争论。那次争论是由何其芳的一篇《论阿Q》的文章引起的。但是，如果撇开争论中的意见分歧之处，大家还是有某些一致的看法，例如都承认阿Q："不仅是一个特定阶级的典型"，"它还是一个具有广泛社会意义的时代综合的典型"（李希凡）。阿Q的"典型性并不完全等于阶级性"（何其芳），显然，阿Q这个典型形象所包孕的某种精神性的内涵，并不是一种对"农民阶级"或"落后农民"的阶级"本质"的"认识"，这一点当时也已经不存在异议了。总的来说，何其芳对阿Q问题的见解也许确如他自己所承认的："和较圆满的解释大概还是很有距离的"①。但现在看来，何其芳的《论阿Q》，毕竟又是迄今不可多得的议论阿Q问题的好文章。何其芳的文章中又把"阿Q精神"同清末民初时期一些社会政治生活相联系起来考虑，从而指出了："正因为阿Q式的想法和说法在清末民初很流行，鲁迅才孕育了阿Q这样一个人物"，"在鸦片战争以后不断地遭到失败和屈辱的老大的大清帝国里面，阿Q精

---

① 何其芳：《文学艺术的春天》（论文集），人民文学出版社1964年版，第12页。

神是一种异常普遍的存在"①。"半封建半殖民地的旧中国的统治阶级及其知识分子的阿Q精神之特别浓厚，而且表现得特别畸形和丑陋"。更明显，鲁迅在《阿Q正传》中沉痛地鞭挞了"精神胜利法"等在清末民初时期主要存在于统治阶级人物身上的思想病症（内容），却又把这些具体刻画在一个落后的贫苦农民身上（形式），此两者完全是一种间接性的结合关系。而这种审美心理的结合，显然也是有它的客观性的社会历史根源的。

如果我们定要挑剔何其芳的文章有什么不足之处的话，他似乎疏漏了如下一点：——即鲁迅当时是站在什么样的社会立场去针砭那种时弊的；更重要的是，当年引起强烈共鸣的那些主要读者，他们又是站在什么样的社会立场上才引起那种反响和共鸣的。如果要说艺术的"阶级性"问题，也许应是去探索艺术品的创作者和欣赏着共同的审美情感和思想，以及产生它的具体社会立场的真正阶级根源，而不应舍本逐末地去"考证"作品中描摹的某些人物（如阿Q）的阶级成分。

然而，这个问题说说容易，要真正做起来却万分困难。像《阿Q正传》那样的作品，离今天还不远，但我们要想对清末民初的社会历史及当时人的一般审美思想（心理）作系统的考察和研究，就十分不易了，更不用说对更早时代的一些艺术品和艺术活动的研究了。前文提到的《长生殿》，历来众说纷纭，莫衷一是；我们今天想弄清它的真正美学性质，不消说，更是困难重重而步履艰辛。

前文提及，据《长生殿》的作者洪昇自称："借太真外传谱新词，情而已"。但这个"情"的具体内容又是什么呢？李泽厚先生对此有一些独到的见解："关于《长生殿》的主题，一直有分歧和争议。例如杨、李爱情说、家国兴亡说、反清意识说等等。其实，这些都是不《长》剧客观主题所在。《长生殿》的基本情调，它给予人们的审美效果，仍然是上述那

---

① 　何其芳：《文学艺术的春天》（论文集），人民文学出版社1964年版，第14页。

种人生空幻感。尽管外表不一定有意识地把它凸显出来，但它作为一种客观思潮和时代情感却相当突出地呈现、渗透在剧本之中，成为它的基本音调"。这是一种"具有社会历史内容的人生空幻的时代感伤"。李泽厚又把清初出现在文艺领域的这种思想感情称为"感伤主义思潮"①这是颇值得重视的一个见解。既为"思潮"，就意味着不仅仅是个别一些人(指艺术家)的偶然创造，而是指包括了欣赏艺术的公众的普遍审美情感的广泛交流。但是为什么会产生这种思潮（社会心理）？它的历史根源又是什么？尚有待于我们去进一步探索。

再拿中国绘画史上出现的"文人画"来说，唐宋之际开始萌芽的这类绘画，借用"枯木竹石"、"梅兰水仙"、"林泉烟霞"等形貌疏野清幽的自然物象以"隐喻"一定的审美情感，它的较深的社会历史根源也同样极不易探寻。这个问题，笔者也曾作过一些虽较肤浅但却是经过了相当长时期的艰苦探索，成绩仍极有限。②

索绪尔所说的："符号在本质上是社会的"，这对我们是一个重要的提示。根据马克思主义的社会学观点去研究艺术问题，该做而未做的工作还有很多很多，今后还有极漫长又艰苦的路程有待于我们去跋涉。我们必须扔掉偏见，才能从古代文论中汲取有关"比兴"理论的有用成分，同时也不会盲目地排斥西方现代的"符号学"中的合理因素。马克思主义从来都是对古往今来一切真理性的知识采取兼收并蓄的宽宏态度，宽广坦荡的阳关大道就必须是把艺术心理学同艺术社会学有机地结合起来。

---

① 李泽厚：《美的历程》，文物出版社 1981 年版，第 204 页。
② 请参看拙著：《中国画之美》，河北美术出版社 2007 年版。

第二章

艺术形象的审美心理本质

一　艺术形象和非艺术形象的区别

文学艺术的形象，是否一种特殊的形象，它和其他一些非艺术的"形象"有何区别？（首先要加以说明，我们这里说的一切"形象"，非指外界事物的感性形象，而仅指外物反影在人脑中，或经人脑加工再造出来的"形象"。这些"形象"，有的是艺术形象，有的不是艺术的形象），区别就在于它所具有的一种特殊的审美心理的本质。

经过头脑产生的一切"形象"（包括艺术形象和非艺术的形象），大致可分为三大类：第一类是"印象"（Impression）；第二类，心理学上称之为"表象"（Imagination），或可称为"意象"（上述二类均非艺术形象）；第三类，是比"印象"和"表象"更为复杂的一类形象，暂时还找不到一个恰当的总名，其中有的是艺术形象，有的亦不是艺术形象。

（一）先说"印象"的性质

人脑有一种叫做"记忆"的心理机能。人们的感官感知某一具体事物之后，这个事物的感性形象能在头脑中"印"下一个"象"，并储存下来。譬如，我们通过视觉，认识了张三和李四二人，他们的不同外貌在我们脑海中留存下一个"印象"：张三的个人特征是浓眉大眼，而李四却是高鼻细目。人脑所具有的这种储存"印象"的心理功能，帮助我们把张三同李四的不同个性特征区别开来。

自从人们发明照相术之后，相片有时能辅助或代替"印象"的功能。除了有些较特殊的相片也具有艺术品的性质之外，一般的相片（如用于工

47

作证或学生证上的）大都是属于"印象"性质的范畴，它不过是头脑中的"印象"移置纸片之上罢了。

（二）但是，第二类所谓"表象"，又和上述的"印象"有所不同了

人脑是一个非常复杂的"机器"，它不仅能像照相机一样"摄"下某一个物体的"象"（印象）来，而且又能把某些"印象'东西进一步加工再造。"表象"就是人脑把外界事物留存在头脑中的各种印象初步加工制造出来的一个新的"形象"的思想产品。这个新的"形象"，已不是原来一些个别具体事物的"印象"了，它舍弃了某一类事物的各个具体东西的外形各别性因素，抽取它们所共有的、最一般的感性普遍特征，综合成为一个"表象"。如"人"就不再有张三、李四的独特面貌——张三的浓眉大眼不见了，李四的高鼻细目亦已敛迹，——存留下的只是一般的眉、一般的眼的普遍特征。如果你叫一个孩童画个"人"脸，他只能勾画出一个椭圆形的圈圈，中间画上一些简略的道道以示嘴眼鼻子。这样一个"人"的简略"形象"，只能表示出一个抽象的"人"，而不是某一特定的张三李四的个人的"印象"。它是一种概括化了的"形象"，是一种"感性的抽象"，心理学上即唤之"表象"（image），但它还是非艺术的"形象"。

在我们日常生活中，应用"表象"为生活实践服务的明显事例有两个：一个是帮助幼儿识字用的"看图识字"课本，在"人""山"字的边上画上一个人与山的简略图像；另一为原始人的象形（会意）文字，直接利用图像（表象）表示"人"和"山"的概念。所以，严格说这些都不能算艺术形象。

（三）最末一类，艺术形象和非艺术的形象

人的头脑不仅把"印象"改造成为"表象"，而且更进一步能把这些"印象"和"表象"再度加工，又制造出另一些新的"形象"来。这种新的"形象"，内中只有一部分是艺术形象，其他大部分则不是。

我们看到有的是医学书籍上常常附有一种插图，例如解释针灸方法时画出一个人脸，脸上标出一些黑点以示针灸的"穴位"；再如讲解剖学的医书上把人的脑袋画成切掉的一半的"形象"，显然比前述的"表象"又多了一些新的东西和内容，但又不是艺术的形象。

其他还有一种"形象"，如制造机器时所用的所谓"蓝图"，是一种描画得非常工整的机器构造的图样，以供制造机器时按图制作之用。这种"形象"也比"表象"高了一级，比表象的内容更为丰富，但是，也还不能混同于艺术形象。

艺术的形象，虽同上述那些"形象"有某些相似之处——都比"表象"更复杂，更高了一级，但两者又有不同之点。艺术形象另有一些为其他非艺术形象所无的特殊"艺术"的因素，概略说来，计有如下三点。

首先，艺术形象独有的第一个最鲜明的标志（特点）是，它必须具有一种所谓"美"的艺术形式构造的因素，这是上述其他那些"形象"（从"印象"、"表象"到机器制造蓝图等）所没有也不需要的。艺术的形式法则是人类从无数个时代的艺术实践中慢慢积累起来的东西，也是构造艺术形式必须遵守的一个极重要的方面（但不是唯一的方面）。例如，文学创作中的人物性格的刻画方法，故事情节的贯连与变换，以及语言词藻的修饰等；在造型艺术创作中，造型或构图必须按照"均衡"或"对称"的原理，色彩的"协调"或"对比"等等；音乐中的"旋律"与"节奏"、"曲式"结构与"和声"等等。这些艺术形式的特殊因素是构成艺术和非艺术形象的极重要的区别所在。

其次，艺术形象的另一个重要的特点是所谓艺术形象的"个性化"。

我们通常指责一些艺术性不佳的文艺作品为"概念化、公式化"，就因为那些作品的缺点是千篇一律，面目大都雷同，缺乏"个性"。这样的艺术形象，就有点类似"表象"的性质——只有"共性"而没有"个性"。当然，艺术形象中也应该有某种"共性"的普遍特征，但同时又必须有"个性"的特殊性；它不仅有近乎"表象"（共性）的某些因素，而且还应有类似"印象"（个性）的某些特点。艺术形象就是把这两者（表象和印象）综合起来重新再创造的产物。

由此言来，艺术形象是在"印象"和"表象"的心理活动基础上再度加工制成的一个崭新的形象。首先，它和"表象"有相同之处又有不同之点：相同处是两者都是一种概括性的形象，都表现了某一类事物共有的某种感性普遍特征；不同点是艺术形象又比一般的表象更要求丰富复杂些。因此，艺术形象所概括的只是抽取了某一类事物的外形的最一般的共同特征，扔弃了他们各个具体物的千差万别的特殊面貌，艺术的概括如果也局限于此种方式（摹仿表象方式来构造艺术形象），那么，它的形象形式将会失去客观事物固有的生动具体性。形式简略化的艺术形象是难以刺激人的感官的、是难以动人的。前人曾非议这种艺术形象是"千部一腔、千人一面"，即我们说的"概念化，公式化"的形象。正因此缘故，文艺形象的铸造，除了保存"表象"方式（概括化）的性能之外，又往往需要再到客观生活中寻找一些适当的单个物象（及转化成头脑中的"印象"），当做冶铸艺术形象的感性素材。可见，艺术形象的创造活动。一方面要汲取"表象"概括一定的感性共同特征的长处，而扔弃它的简略粗率的缺点；同时另一方面又采择一些单个物象（"印象"）的个性具体生动又特征鲜明的某些细节，并舍去其他无用的琐碎的偶然方面。这种独特的"个性"和"共性"的统一，亦即文艺创作的个性塑造方法。

上述这个特点，其他非艺术的形象也是不需要的。一张生理学的科学图谱，虽然也画着一个人的具体形象，但从来不需要给他一个单称的名姓，如"阿Q"。生理学挂图上所画的人，只是一个抽象的"人"——一种单纯的感性普遍性的"形象"；而机器制造的"蓝图"，也只是千篇一律制造无数同样器物的图像。这一点，它们同艺术形象的区别也都是泾渭分明的。

最后艺术形象的最末一个特点：它要求能有一种引起审美情绪的感性

因素。

这种特殊的情感因素，机器制造蓝图或医学上用的生理解剖图之类也都是没有也不需要的。我们在剧场中见到一些观众感动得热泪盈眶，却从未听说医学院课堂上的学生面对生理挂图而情绪激动的怪事。小孩子看戏，总爱问这是"好人"还是"坏人"，对"好人"同情，对"坏人"则憎恶（其实成人看戏又何尝不是如此）。可见，艺术形象上还必须有一些与"善"、"恶"、"好"、"坏"相关联的感性特征的东西。这类因素就是造成艺术情感的物质条件，一般的说，这个因素在其他"形象"上也都是没有的，不仅上述那些机器蓝图之类没有，就连"表象"和"印象"也不需要："看图识字"本上的图画（"表象"）主要目的是识字认物；工作证上的相片，用途只是为了证明身份。这些"形象"，很少有人（当然不是绝无）从欣赏艺术品的角度去对待它们。

从以上所说的艺术形象的三个独有的特点来看，艺术形象是一种同其他非艺术的"形象"回不相侔的东西。这些不同点的原因何在呢？除了它自身的一些特殊因素之外，我们还不能忽视的是这些形象形式中还蕴涵着更深一层的心理因素。这种内在的、精神性的东西产生着极为重要的作用。这种精神内涵的具体性质，下文拟试作探索。

二　寓于艺术形象中的特殊精神内涵
——"审美情感"

在探讨艺术创作的特殊心理活动之前，我们有必要先考察一下人类心理活动的一般情况。

人的心理活动区别于其他动物的基本之点，除了有思维能力之外，还有和思维密切关联的语言活动。其他动物也能感觉外界事物，某些具有高级神经活动的动物（脊椎动物），虽然也能对一些感性现象在头脑中构成一种所谓"暂时联系"（这种心理现象，心理学上称之为"第一信号系统"）。但它们毕竟都不可能有人类所独有的那种抽象概括的心理活动——亦即没有和语言密切相关的人的思维活动。

语言和思维的关系如鱼水般不可分开。人们认识到"花"，是从各种具体的"玫瑰"、"蔷薇"等等概括抽象出一个"花"的概念；同时，又不可避免地要用"花"这个语词来标识（命名）它。可见，有思维之处必有语言；反过来说，有语言之处必有思维。因此，任何语言活动之处，即标志着有思维活动的存在（即所谓"第二信号系统"）。

但是，人们头脑中进行思维活动的同时，有没有"形象"活动的余地呢？大脑皮层从外界各种形形色色的感性现象中概括和抽象到一些"概念"后，又如何处理这些感性现象的"形象"呢？上一节中我们谈到，头脑中能储存下许多"形象"（"印象"、"表象"等）的东西，它们究竟和思维活动处于什么样的关系之中？这个问题，正是我们急于要弄清楚的重大的关键性问题。

我们先来看看"表象"和"思维"活动的关系。

前文谈到，"表象"是把许多感性"印象"概括而得的一个"形象"，是表现了一种感性普遍特征的"形象"。那么，它们那种"概括化"的活动中，有没有思维参加呢？有没有语言的中介活动呢？回答是肯定的：有！"表象"的心理活动中，离不开思维（包括语言的中介）的重要作用。

前文举出两个生活实践中的事例，都证明"表象"的"形象"中寓有特定的思维内容。第一个是帮助幼儿"看图识字"的课本，在"山"、"人"字（语词）边上画出一个山或人的简略图像（表象）以说明这个表象的含义；另一为原始人的象形文字，直接以图像（表象）的 ⛰ 或 ⚆ 表征"山"和"人"的语词和概念。这两个事例都雄辩地说明："表象"的活动，不仅同语言的关系不可分，而且它和思维也是紧相关联的。

而且，不仅"表象"和思维血肉相连，就是头脑中出现的另一种"印象"（单个物象），也是隶属于一定的概念（思维）和"表象"，才能有它的意义（命名）而为人们所认知。例如，"张三（单个印象）是人（表象和概念）"，"这一玫瑰是花"之类判断。如果没有"表象"和语言作为中介，这些"印象"也是得不到任何含义的。如果没有"表象"的心理活动，人们即使头脑中获得了一定的概念，也不可能去辨认客观世界中各种各样具体的事物。甚至可以说，如果没有"表象"的心理活动（还有语言的中介），头脑中的思维活动都是难以产生和存在的。

但是，有些概念离具体事物的形象较近，如"人"、"山"之类，由于这些概念所概括的事物的范围较小，它的"表象"还比较明确具体；而另有一些概念所概括的范围较大，就逐渐远离事物的感性形象了，例如"动物"、"植物"，乃至"物质"、"运动"之类更抽象的概念。但是，它们尽管抽象，也总是和一些较具体的概念和"表象"（如"人"、"花"等）有着一定的联系。"物质"的概念如果不同一些具体的事物间接地（通过"表象"）相联系的话，它就成了一种难以捉摸的心理幻影了。

并且，人们对于某些较抽象的概念的掌握，必要时又往往为它制造一些与之相适应的近乎"表象"（但较更复杂）性质的"形象"。上一节我们曾提到生理解剖图之类东西。这是属于科学研究中所用的示意插图。科学研究藉助于这种形象性的东西来帮助说明它的科学抽象的思维内容。这样一种"形象"，也都是同特定的思维活动紧相关联，并作为某种思维内容的辅助的感性"形象"形式。（艺术形象的性质，虽亦类似此种"形象"，但有较大的不同，其特殊性容后文详论）

同时，思维头脑不仅能概括认识一些客观世界中客观存在着的事物，

西方写实艺术

[佛兰德斯] 鲁本斯：《卷发女郎》（公元 15 世纪）

在某些特殊情况下还能去"想象"（image）一些并不存在的事物及其"形象"，如"金山"、"飞马"之类。工程技术制造所用的"蓝图"亦属一种所谓"创造性的想象"。这些也都属于广义的"想象"（image）的范畴。

总之，从一般心理活动的范畴来看，人的精神活动中的"形象"与"思维"的关系，其基本内容有以下两点：第一，头脑中一切"形象"形式的活动均含有思维概括的内容，头脑中出现的任何"形象"，都是附丽于思维（精神）存在的；第二，头脑中产生的"形象"，并不是像镜子一样的机械反影，而总是一种创造性的精神活动，根据各种不同的思维（精神）内容的要求，头脑能制造出各种各样的特殊的"形象"来，以表达它的特殊精神的内涵。

在上述这个普遍性的心理活动的一般情况的基础上，下文我们将进一步讨论文学艺术活动中的思维（精神）内涵的具体性质。

头脑中反映客观事物而产生的某种理性思维，为了达到人与人之间的交流，必定要通过一些具体形式才能实现。因此，不同的思维内容（理性精神）在不同的社会功能、不同的目的和用途的要求下，就形成了各种不同的具体形式。世上任何事物，没有形式也不可能存在内容。任何普通人（不是专门的科学家或艺术家）头脑中的精神活动（日常思维）也都并存着两种相互交织在一起的抽象思维(科学常识）和形象感知(艺术欣赏）。但是，一些专业化的科学研究者在他们局限的知识领域（各门科学）运用系统和严密的逻辑形式来思考和表述，"形象"的活动就较弱；而文艺创作家则掌握了一种构造所谓"美"的艺术形象的特殊技巧，这样，抽象的逻辑推理就不能不退居于次要的地位。而且，文艺创作家不仅构造这种特殊的艺术形象形式有它的特殊性；即它的理性精神内容也有其特殊性质。

我们有必要着重讨论一下文艺形象中的精神内涵的特殊性。这就是说，我们如果泛泛地说文艺的内容是反映了某些客观的生活本质的理性思维，是远远不够的。文艺形象中的思维内容，一方面具备着一般思维活

55

动的普遍性；而另一方面，又有它具体的特殊性，需要进一步去阐明。因此，我们必须从一般心理学范围转而进入文艺心理学的领域。如果停留在一般心理学的论述，就很可能得出一个仍然错误的结论：认为文艺和科学的区别只在形式的不同，而内容则是完全相同的——依然被困囿于教条主义的藩篱之内。

上一节我们已谈及，艺术形象有一个极重要的特征就是引动情感的性能。一般来说，这也是艺术有别于科学的重要特征。对于此点，也会有种种不同的理论解释。有的人把这种艺术情感的产生看做仅仅是由于它的"感性"形象形式所造成的，这种看法恐未必妥当。前文谈到，一些人体解剖图也是感性"形象"，为什么就引不起"美"的艺术情感呢？不错，构成这种审美情愫的主要根源，还得到寓于艺术形象之中的特殊精神内容中去寻找。

在现实生活中，一定的情感和情绪也总是特定的理性思维的副产品。我们面对某些事物而引动情感，决不能说和理解这些事物的理性思想无关。"情感"更不是同"理智"绝对对立之物。同样，艺术形象之所以能使人情绪激动，首要的前提也是形象中包含的思想意义的内容能为人接受和理会。但是，光认识事物的本质还不是引动情感的唯一原因，还要看它认识和反映的是什么事物的本质。一张人体生理解剖图的感性"形象"中包含的虽也是对某种事物的本质的理性知识内容，但却不能引起艺术的情感——画着一堆切开了的内脏"形象"是引不起人们的"美"的艺术情绪的，原因就在于这种理性思维的内容是一种自然科学的知识。首先，情感总是具有一定的社会生活意义的内容，同时，更重要的是，除了对社会生活的理性认识之外，还必须包含了对它的某种社会实践的态度，亦即肯定或否定的理性判断——即根据一定的是与非、善与恶等等观念，才能产生一定的爱和恨、喜和厌等等情绪的活动，可见，这种艺术情感的心理实质，总是人们切身经历的当代社会的物质生活实践的一定理性反映。是非善恶的观念总是从各种不同社会立场出发的理性判断，在一定历史条件下又是包含着具体的阶级内容的。总之，艺术形象中的理性精神内容的特殊性，包括如下两个方面：第一、这种理性思维的根源仅限于社会存在的范围；其次，复又站在一定的社会立场上对之表明某些是非好恶的判断。不具备上述两点内容，就不能是艺术的内容。（以自然景物为题材的艺术作品也应包含一定的社会性内容，不过较为隐晦罢了，因为它是以"物喻"的方法来"借物咏情"的）

总括说来，寓于文艺形象中的特殊精神内容，决定了文学艺术的形象具有如下三个特点：第一，艺术形象的"概括化"和"个性化"的对立统一，都离不开思维活动在其中的作用；其次，艺术形象的"美"、"丑"，也离不开与之相关联的一定是非好恶的判断（情感）；第三，这种艺术的形象又必须藉助于一定的艺术形式构成的特殊法则，才能造成廻异于其他非艺术的"形象"。这样的形象形式，既不失感性东西的生动具体性，同时又表现出某种感性普遍特征，它才能有效地包孕和荷载某种反映着社会生活中一些矛盾本质的理性精神的内容，——这个理性精神的基本内容就是"审美情感"。（"审美情感"之中包含着一定的理性思维，这些问题将于下一章中详论）

更进一步来看，不仅艺术的内容有它的特殊性，而且它的形式和内容的关系也是有着某种特殊性质的。

前面曾从普通心理学的角度考察了"形象"同"思维"的一般关系，但这种情况不是艺术的特殊（心理）性质，更多还是科学思维的情况。因此，在那种条件下，思维的主要形式正是逻辑（语言）而不是"形象"；偶尔有"形象"（如科学著作中的插图），它同思维内容的关系也是松弛的、外在的、是可有可无的（因为它已经有了一个逻辑的形式了）。如果我们把这种关系附会给艺术的形象，必然导致所谓"概念化、公式化"的倾向。多年来我们的文艺理论有一个极其错误的见解，就是认为艺术和科学的区别只在形式，而内容是相同的（这种观念是某一些苏联的"先进经验"）。这种见解应该说是造成我们的文艺创作中出现"概念化"的最主要原因。

科学著作中应用"形象"形式，是可有可无的，因此两者的关系是外在的。这种"图解"的形象，理所当然是一种所谓"概念＋形象"的东西。但如果我们把这种关系和性质强加给艺术，就造成了"主题先行"论之类东西的合理性和合法性。这样的文艺理论指导下的"文艺创作"，它的形象只是从外部"贴"到抽象概念上去的"标签"和"外衣"，因而它根本不算文艺创作，充其量不过是一种科学著作的插图罢了。

三　艺术的"内容"和"形式"问题

谈到这里，我们已无法回避而且必须正面接触这个最关键性的问题：——什么是艺术的"内容"？什么是艺术的"形式"？这也是最最令人头疼又棘手的问题。

长期以来，对这个问题也有一些流行的见解，而且一直为许多同志（包括笔者）所接受并肯定。但事实上，这种流俗见解大有可疑之点，又大有可议之处。例如在一本广泛流行于上世纪的《文学概论》中说：

"一般习惯上所列举的是下面这些因素：题材、主题、人物、环境、情节、结构、语言和体裁等。前五者是属于内容的因素，后三者则是属于形式的因素。这样对构成因素的划分也是一致的。明白了这些因素之后，对于作品的内容和形式就可能获得具体的了解。"①

　　如果深入推敲的话，这种见解是颇成问题的。把"题材"、"人物"、"情节"等这些因素都归于艺术"内容"的范畴，首先就同一般所说的"文艺反映生活本质"的命题产生矛盾。"题材、人物、情节"等都不过是对社会生活现象的描摹；所谓"本质"乃是指这些生活现象中间的一种抽象的本质关系，是超越感性的东西。如果把艺术的"内容"范畴内硬塞进许多属于感性现象的东西，实质上就是把艺术创作降低为类似上述的"表象"和"印象"之物——即前文所举的那些"看图识字"和"象形文字"之类，它就从根本上失去了艺术之为理性精神活动的性质。

　　其次，我们又有必要稍稍议论一下关于"文艺反映生活本质"这个流行极广的命题。对于它的正确涵义，长期以来许多同志的理解也不是无可非议的。

　　毫无疑问，根据马克思主义的历史唯物主义的普遍原则——"社会意识反映社会存在"的基本前提，我们当然可以认为"反映生活本质"是文艺的一种基本属性。然而，我们同时也可以说哲学、（社会）科学、道德、政治思想等凡属社会意识者都是对社会生活本质的"反映"。于此看来，"反映社会生活本质"，只能说是一切社会意识所共有的本质，而不能说是某一种具体的社会意识自身的本质；而当我们在具体讨论艺术这一社会意识自身的时候，又怎么能用一般社会意识的本质来取代艺术的本质呢？也许有的人要提出抗议说："此两者也不是对立的东西呵！"我们说：不对，此两者是对立的；然而对立之中又有统一，这才叫辩证法。两者既统一又对立，如果不看到两者统一的一面，就要背离马克思主义；但如果谁不重视两者的对立的一面，也同样会背离马克思主义，因为他把马克思主义的普遍原则"教条"化了，架空起来了，使它完全脱离了实际。就像

---

① 蔡仪主编：《文学概论》，人民文学出版社 1979 年版，第 138 页。

"水果"的抽象概念不能说明"苹果"这种具体的水果的特殊本质一样；而抽象的"反映生活本质"的概念和命题，实际上它也是不能完全地说明艺术作为一种具体的社会意识的特殊本质的。当然，这样说也并不是要否定"艺术反映生活本质"这个命题，而只是想要指出我们对于这个原则决不能做简单化教条化的理解，不能脱离艺术的实际情况来抽象地侈谈空洞的"反映"。

例如列宾的名画《伏尔加纤夫》，我们可以说它在一定程度上揭露了旧俄社会生活的某些本质方面；但是，更重要的是，作者以极鲜明的情感态度去描绘这些善良人民的悲惨命运，为的是要用他的这种悲愤的情绪去感染观者，使别人引起一种精神上的共鸣。这才是艺术作品的真正"本质"所在。"文艺反映（或认识）生活本质"的命题尽管有时似乎也可以解释某些现象，但却不能完满地说明一切艺术实践活动的各种特殊情况。比如一幅画了牡丹花的画，你能说它就是"认识"（反映）了牡丹花的"本质"嘛？这不成了植物科学的图谱了么？事实上，人们描绘了牡丹花，只是为了借"物"以抒"情"，它的真正的艺术"内容"乃是产生于一定的社会生活基础之上的某种"情感"，而不是对所描摹之物的"本质"的"认识"和"反映"。

一个科学的命题，它必须具有严格的普遍性，要能够准确地说明一切现象。从这点来说，上述两幅绘画作品，它们的一个真正的普遍规律是"情感"的表述和交流。但是，这也不是说绝对不可能用"文艺反映生活本质"的说法；而只是想指出，如果仅仅局限于这个原则，是无法弄清楚文艺这种"反映"活动的一些具体特殊的性质的（仅仅说艺术以"形象"形式的特点是远远不够的）。艺术的特殊性是其他社会意识形态所没有的，不然，各种社会意识之间就不存在什么区别了。各种不同社会意识之间的不同性质的区别，这才叫做这些事物的"本质"。因此，这种差别就不仅在它们的形式的不同，其内容亦复不同。从这点来说，文艺的"内容"有别于科学的单纯地"认识本质"，它是在"认识"的基础上产生的一种特殊的思想倾向（情感）；那些形象性的东西，就是表述这个内容的"形式"，是一种"情感符号"。

由此看来，"人物"、"情节"、"环境"等等，这些都只能属于艺术的"形式"范畴。但是，这里还有一个最难解决的是"题材"问题，长期以来我们大家都把它归入"内容"的范畴，甚至看作艺术内容中最重要的因素。这种观点用来解释一些描摹了社会生活现象的作品，勉强还说得通；但当用来解释一些并不"摹仿"自然物象的艺术形式（例如"无标题音乐"），因为其中根本没有"题材"其物，就只能认为它没有"内容"了。这也就是造成"形式主义"帽子过去一直满天乱飞的思想理论根源。

"题材"（Subject-matter）这个词语原是个复合词：其中一半是"材"，即"材料"之意；另一半为"题"这个词的含义就是有点暧昧不清了——既可理解为"标题"（题目）；亦可理解为"主题"。但我们至少可以确定一点："题材"之为文艺创作所利用的材料，是不成问题的。既为一种"材料"，那么我们又至少可以断定，它不可以也不应该简单地等同于制造出来的文艺作品。打个不太恰切的譬喻吧，木材能制造家具，钢材可以制造机器，不同材料用以制成不同的器物。因此，"材料"（题材）对成品总是有着一定的约制作用（不是"决定"作用）——木材是不可能制造像钢铁机器一样的成品的。从这个角度来看，我们应该认为各种"题材"是有所区别的。如果认为题材无差别，无大、小之分，也是不符合事实的；但反过来说，题材又毕竟只是"材料"而已，——钢铁虽可以制造机器，但是在一个糟糕的匠师手中，好钢材（大题材）也可能被制成一些不能用的废物。从这点看来，文艺创作中的"题材"又是决定不了一切的。可见，把"题材"当作艺术的"内容"，是完全错误的理论见解。它既不属"内容"范畴，也不属"形式"范畴。"题材"就是题材！

艺术的"内容"和"形式"问题是个举足轻重的关键问题。因此，对于过去广泛流行的一些说法，我们决不能采取"从来如此，便是对的"的态度（那样的话，今天也可以取消一切科学研究工作了）。对于任何一些理论观点，都必须用活生生的艺术实践事实去检验它。如果发现有问题，又必须刨根问底，重新进行研究探讨；而不能采取敷衍将就的态度，更不能当宗教来迷信。艺术的"内容"只能是一种特殊的"审美情感"，而决不可能是同科学（哲学）一样的"认识"。因此，至今仍然横行无阻的一种说法"艺术是对世界的一种认识"，① 是一个完全错误的命题，和马克思主义更是风马牛不相关。

① 王宏建主编：《艺术概论》，文化艺术出版社 2000 年版，第 55 页。

第三章

艺术的审美情感内容

一 美学中的"唯情论"观点的历史渊源

在古今中外汗牛充栋的美学理论中，完全排拒情感因素的观点恐怕并不存在；而在我国古典诗论中，一开始就把"情感"因素放到一个极为重要的地位，堪称得是一种"唯情论"的美学观点。我们可以见到，早在先秦时期的典籍中就已隐隐约约出现了审美情感的身影。如《毛诗大序》中说："诗者，……情动于中而形于言"，和"吟咏情性"等等；而到了六朝时期的陆机和刘勰，就明确无误地提出了"诗缘情"即**本于情**的美学观点。

陆机的《文赋》一书的中心命题即为："诗缘情而绮靡"，又说："每自属文，尤见其情"。在涉及"情"和"景（物）"的关系时又说："情瞳昽而弥鲜，物昭晰而互进"。显然，他已触及到"情"和"景"之间的"比兴"关系，但却未见他进一步阐说。

六朝刘勰的《文心雕龙》一书对上述这些问题的阐发又深入了一层。他也一而再、再而三强调"诗缘情"的观点，如："人禀七情，因物斯感"，"情以物兴"，"情动而言形"，"登山则情满于山，观海则意溢于海"，"神与物游"等等。而且，他更以之与"比、兴"理论联系起来："故比者，附也；兴者起也"，"起情故兴体以立"。甚至他还明确提出："因情立体，为情造文"的说法，把诗歌（艺术）中的情感因素的重要地位和作用提升到了一个相当的高度。（参见第一章中的论述）

上述这种"唯情论"的美学观点，历经唐代释皎然论诗强调"真于情性"，"诗情缘境发"，乃至宋代严羽亦言："诗者，吟咏情性也"（《沧浪诗话·诗辨》）。这个观点一直血脉不断，至明清遂臻于完全成熟的阶段。

明清时期的"缘情论"者不仅人数众多，而其内容亦更为丰富而深入。如明代宋濂说："诗缘情而托物者也。"（《宋学士文集》）徐渭亦云："古之诗本乎情"（《徐文长集》），"诗与情一也"（王彝：《王征士集》），清代画家王原祁更明确说："诗以言情，画亦如是也"，"笔墨一道，同乎性情"，"画以达情"（《麓台题画稿》），等等不胜枚举。他们不仅强调"情"，而且大都强调"情"与"景"的"比兴"关系时突出"情"的主导地位。如沈德潜《说诗晬语》中指出："郁情欲抒，……每借物引怀以抒之"。谢榛《四溟诗话》中更明确无误地道出："情乃诗之胚，景乃诗之媒"。上述种种说明，我们的古人都已十分清楚地意识到诗歌创作中的"景"不过是人们"借"用来表述"情"的"媒"介，也就是我们今天所认识到的两者的关系不过是"内容"（情感）和"形式"（景象）而已。但是，古人当年不可能像我们今天那样去探求"情"与"景"真正的美学性质，更不懂得去分辨"唯物"、"唯心"之类。如果提出那样的要求，正像苛求古人为何不会造飞机火车一样荒唐无稽。

我们古人的历史局限还表现在一些更具体的问题上，例如：表露在艺术中的"情"有没有它的特殊性？它和日常生活中的情感有何区别？以及，"情"（感觉）和"理"（思维）有什么关系等等。后一个问题，虽然他们偶尔也触及，但十分笼统肤浅，如清代李重华说："情惬则理在其中"（《贞一斋诗说》）等。上述这两个问题，只能在现代人的美学探索中才得以重视（详见后文）。

西方美学史上，系统阐述艺术活动中的"情感"问题的，不能不首推康德。他的著名的三大"批判"，区分了人类心智活动的三大领域——"知"（理性）、"意"（道德）和"情"（审美），同时又阐明了三者的联系，囊括了人类全部心智活动。叶秀山先生对康德美学的解义亦极为精辟："应该

中国半抽象艺术

[清] 八大山人（朱耷）：《墨梅图》（公元 17 世纪）

指出，康德这里所谓的'判断力'，既非知识判断，也非实践判断，而是情感判断。……在康德看来，和人的认识能力和意志能力一样，人的情感也有高级的、为理性制约的和低级的、为身体制约的之分"。①"（康德认为）在鉴赏判断和艺术创造中，所谓'情感观念'（Aesthetic idea）具有两方面的意义：一方面是情感的、感性的，因而离不开直观的形象、直接的体验；另方面又是理性的，是一种观念或理念。……它又不是单纯的感觉印象，而同样是理性的判断，因而不可能不涉及任何概念"。② 叶秀山又指出："'情感观念'（'感性观念'）是感性与理性的结合，即实践理性概念虽然找不到一个知识性、理论性的直观与其相适应，但却有美的直观（或为自然的，或为艺术家创造的）与其相适应；而美的直观，虽无确定的理论的、知识的概念与其相适应，却有实践的、道德的概念与其相适应。……美的直观，已非单纯感觉，而是理智的感觉；美的观念，已非单纯的概念，而是充满情感（感性）的概念，只是这种结合，在康德看来，不可能是知识性的，也不可能是实践性的，而是艺术性、鉴赏性的。""于是，我们在这里接触到康德提出的一个重要的饶有兴味的命题：'**美是道德的象征**'。"③（着重点为引者所加）。正是这样，康德用"情感"作为知识和意志之间的桥梁，把"知"、"意（志）"、"情"三者沟通起来；正是康德，第一次在审美领域（情感）中为"意志"（道德）安置了一个合适的座位；也正是康德，从哲学的角度对理性（知识）和情感（艺术）的关系作了恰如其分的论证。

康德美学中提出这个值得加以关注的概念——Aesthetic idea，朱光潜先生译为"审美意象"。④ 但这个概念要译成妥切的中文极其困难。叶秀

---

① 叶秀山：《论美学在康德哲学体系中的地位》，《外国美学》第一辑，第 120 页。

② 叶秀山：《论美学在康德哲学体系中的地位》，《外国美学》第一辑，第 129—130 页。

③ 叶秀山：《论美学在康德哲学体系中的地位》，《外国美学》第一辑，第 129—130 页。

④ 朱光潜：《西方美学史》下卷，人民文学出版社，第 50 页。

山先生则译为"情感观念"（见前引文）。两者各有所长，但都有所不足。康德所用的 Aesthetic（审美）却与"情感"同义，而 Idea 译为"意象"则更妥切。Aesthetic idea，是指称一种与日常生活情感有别的独特的审美情感意蕴的感性形象，并且与理性思维有一定关系。但这种特殊的情感以及它与理性思维的关系，康德语焉不详，有待后人进一步细致探索研究。

二　审美情感有别于日常生活情感

据笔者所知，较早提出"审美情感"区别于日常生活情感的人，应是当代英国美学家克莱夫·贝尔（Clive Bell, 1881—1966）。在他的名著《艺术》（Art）一书中曾说："街首巷尾的俗人一般以'美丽的'与'可悦的'（desirable）为同义词；这个词并不蕴含任何审美的反应，它总使我相信，在很多人心目中'性'的方面的诱惑力大于'审美'的性质。我注意到了某些人的一致的看法，他们认为世上最美的事物就是美丽的女人，其次则是美女画。……他们称之为'美'的艺术，一般地总是紧密联系女人：所谓一幅美的绘画只是指漂亮少女的照相；所谓美的音乐，也仅是指舞剧中的年轻女郎的曼声所激起的那种情绪；至于所谓美的诗歌，又只是能使他回想起 20 年前给教区长的女儿写信时的那种相同的情感。很清楚，'美'这个词语是被他们用来指称那些引起过自己的某些突出的（生活）情绪的对象"。① 贝尔又曾把那

---

① 贝尔：《艺术》，英文本，伦敦《凤凰丛书》1928 年版，第 16 页。

些"鸟鸣、马嘶、孩啼、恶棍的狞笑"之类日常生活中随处可见的感性现象激起人们的某些情绪活动称之为"浑浊和低级的感情"。① 类似这样的见解我们在苏珊·兰格（Susanne Langer）的著作中也能见到。兰格也说过："一个艺术家表现的是情感，但并不是像一个大发牢骚的政治家或是一个正在大哭或大笑的儿童所表现出来的情感，艺术家将那些在常人看来混乱不整和隐蔽的现实变成了可见的形式，这就是将主观领域客观化的过程。但是艺术家表现的绝不是他**个人的实际感情**而是他领会到的**人类情感**。"② 此外，另一位音乐美学家柯克（D.Cooke）也涉及到这个问题："当我们说一位作曲家用了很长时间来创作一首冗长的乐曲来表达他的情感时，不言而喻，我们指的是他的**深刻的、永久的、意味深长的**情感，而不是由日常生活中的欢乐或失望所引起的那些**表面的、暂时的情绪**。"他又说："我们说一位作曲家是从他的全部生活经验来写作，这并不等于持有认为音乐创作必须依靠日常生活经验的这种粗糙的意见——例如认为第四十交响曲的伤感是由于在作曲家的贫困家庭中来了一大堆账单；或者比较地来说，《朱比特交响曲》的喜悦是由于接受了一位朋友的大量接济。一位艺术家的**情感**不是日常屑事的玩物。他的情感是扎根于**下意识**之中；他的基本的人生观在这里形成。第四十交响曲和《朱比特》分别地是莫扎特（Mozart）所感受到的生活的悲伤和喜悦的幻象——它不是表面的日常生活的反映，而是他的**深刻的、持久的自我**"③（以上引文中的重点均为引者所加）。

纵观以上所引的一些论述中涉及"日常生活情感"及"审美（艺术）情感"的区别，前者的内容还是比较清楚的，但他们对后者的解释却往往

---

① 贝尔：《艺术》，英文本，伦敦《凤凰丛书》1928年版，第32页。

② 苏珊·兰格：《艺术问题》，中国社会科学出版社中译本，第25页。

③ 戴里克·柯克：《音乐语言》，人民音乐出版社中译本，第25、284页。

语焉不详。兰格区分之为"个人"与"全人类"的不同；而柯克则归之为"表面"、"暂时"性的生活情感与"深刻、持久"的"下意识"情感，这些说法都是人难得要领。但我们不妨初步断定以下两点：第一，确实有两类不同的"情感"——"日常生活情感"和"审美（艺术）情感"即更**高级**的"情感"。由此，我们可以进一步去探讨：这种所谓"高级"的"审美情感"，它和"日常生活情感"的区别和关系又如何呢？两者有无一定联系？等等。

贝尔等人明确断定"审美情感"和"日常情感"是有所区别的，这是事实；日常生活中种种感性现象无时无刻不在引动我们的喜怒哀乐的情绪，我们当然不可能认为这些就是艺术欣赏的审美活动。兰格认为小儿啼哭或一位政治家的慷慨陈词，绝不等于艺术创作，这当然也是对的。但贝尔的说法多少显得有些偏激："我们无须携带着日常生活中的琐事去欣赏一件艺术品，……也不必熟稔日常生活中的种种情感。艺术自身能把我们从纷纷扰扰的俗世超升到审美的天堂"。①贝尔的这些说法容易使人觉得这两种情感仿佛是截然不同和绝无联系的；相比之下，兰格把它们区别为"个人"与"全人类"情感的差异，就较易于使人理解和接受了。

确实，兰格尖锐地指出，一位艺术家自身（个人）的日常生活中激起或感受到一些由生活琐事造成的情感（情绪）活动，不是艺术创作中的"审美情感"的直接来源。兰格说得好："即使是艺术家，也不需要在现实生活中经历他所表达的一切情感"。②这就是说，艺术家在他的创作中所表述的某种感情，不一定要他自身的生活中切身体会过的才能表现。这使人想起鲁迅先生曾说小说家描摹的现象不一定都要有切身体验一样——描绘盗贼无须自己去进行偷盗的体验。兰格又进一步解释这个问题："要解答这一难题应该分辨艺术所表现的并非现实的生活（情感），而是**情感**

---

① 贝尔：《艺术》，英文本，伦敦《凤凰丛书》1928 年版，第 25 页。

② 苏珊·兰格：《情感和形式》，中国社会科学出版社中译本，第 433 页。

的概念，正如语言并非表述实际的事物和事件，而是事物和事件的概念一样"。① 兰格并不讳言上述观点不是她的首创，而是援引了奥拓·巴恩斯（Otto Baensch）发表在 1923 年的《逻各斯》（Logos）杂志上的一篇名为《艺术与情感》的文章中的观点："巴恩斯坚持认为所有情感都是非感觉性质的，主观情感包含在自身（个人）之中，客观情感包含在不具人格的事物之中"。② 兰格承认，她自己："坦率地接受了（巴恩斯提出的）'客观的情感'这样一个**矛盾的概念**。认为它即便难以理解，却是一个难以辩驳的事实。……"正如巴恩斯的论述："这就是说存在着赋予我们意识的**客观情感**，即客观的、脱离我们存在的、没有生命内在状态的情感。必须承认这种客观情感绝不会由于自己而发生于一种独立状态中，它们总是被包含、置存在客观事实上。"③ 兰格十分同意巴恩斯的上述见解："于是，我们便遇到了这样一种情感：它难以亲身感受，但确实是世界的实际内容；没有主体在表现它，却客观地存在着。……"④ 这个由巴恩斯——兰格拈出的"**客观情感**"、"情感的**概念**"或"**人类情感**"等概念，指的是同一种**普遍**的意义的"情感"，它是由各种具体的、实在的日常生活中抽象、升华起来的一个较"**高级**"的"情感"。因此，在笔者看来，这种高级的"情感"即使严格地区别于日常生活中的琐细的、平庸的情感活动，但两者之间仍应该有一种不可截然分割的联系。"**审美情感**"似不应是一种高踞于天国的、不食人间烟火的圣灵。贝尔的一些过激的说法曾遭到许多人非议，看来也不为无因。

但是，"审美情感"和"日常生活情感"虽说是两种不相同的东西，但两者之间存在着千丝万缕割不断理还乱的联系和纠葛。贝尔曾说，一些

---

① 苏珊·兰格：《情感和形式》，中译本，第 70 页。
② 苏珊·兰格：《情感和形式》，中译本，第 30 页。
③ 苏珊·兰格：《情感和形式》，中译本，第 28 页。
④ 苏珊·兰格：《情感和形式》，中译本，第 29 页。

缺乏文化素养的人还往往把"性感"（快感）误认为"美感"（见前引）；但是，真正有审美感受能力的人，却不会仅仅从"性"的角度去欣赏希腊雕塑中的维纳斯像。然而，即使是真正能从审美的角度去欣赏一些裸体艺术的人，他在欣赏过程中恐怕也不可能完完全全排除掉任何"性感"的因素的。"审美情感"和"日常情感"也都是作为高等动物的人类的"情感"，两者也不会是绝对地异质的。

前文曾引一位音乐美学家戴里克·柯克分析莫扎特的音乐创作的论述，他认为表现在一个音乐家的作品中的某种"审美情感"的独特质素（如忧郁、欢快等）不能简单地归诸这位音乐家自身的日常生活经历的体验，这是对的。一位音乐家创作的忧郁或欢快的乐曲，并不是他的日常生活中的某些生活琐事带给他的一些烦恼或高兴的情绪的直接反应。但是从总体的角度来看，一位艺术家自身的生活经历也是造成他的艺术创作的某种基本情调的重要根源。有些艺术家的天性似乎就是忧郁的，而这种忧郁的基调往往贯穿于他的一切创作之中。例如波兰作曲家肖邦（Chopin），他的作品如圆舞曲、《玛佐卡》之类本应是欢快愉悦的曲子也往往偏于低沉。他的这种忧婉的气质，毫无疑问，和他的自身的生活经历和体验又有着一定的关系。再回来看绘画领域的情况，如我们明代的大画家徐渭，他的作品也有一种一以贯之的基本情调——那就是一种狂放不羁的情趣。如果我们把他的画同他的诗文联系起来看，他的这种具有独特个性的审美情趣的基本调子就更为清楚了。举一首他题于一幅《墨葡萄图》上的诗作来看："**半生落魄**已成翁，独立书斋啸晚风。笔底明珠无处卖，闲抛闲掷野藤中。"诗的确比画更易于释义，因为藉助于文字的媒介更易于表述确定的思想，而绘画则难免偏于含蓄或隐晦。徐渭的艺术中表达出来的某种审美情感，是包含着某些愤激不平因素的放荡不羁，而这样一种艺术情愫，又和他的日常生活中的遭遇———生"落魄"——不无关系。

但是，最能清楚地说明这样的一个问题的，又莫过于我们的《红楼梦》了。作者曹雪芹一生坎坷的遭遇，这已是人尽皆知的事。而曹雪芹在作品中自述："一把辛酸泪，谁解其中味?"也等于点明了这件艺术作品的基本情调。曹雪芹一生主要的经历——由极度荣华富贵突然堕入极度的困顿，也造成了他的艺术作品中表露的"兴衰"之感的重要来源。但是，这样说又绝非意味着日常生活中的情感和"审美情感"简单地等同。曹雪芹创作他的《红楼梦》，我们现在知道，是经历了一个复杂曲折的过程的。他原先的打算是写一部名为《风月宝鉴》的中篇小说，可能篇幅并不太大。他"于悼红轩中披阅十载，增删五次"（见于《红楼梦》第一回），但是后来终于成为一部洋洋百万言的巨著。《风月宝鉴》的原作今已无法得见，顾名思义，很可能是以"情场鉴箴"为主旨的道德教诲小说，或是由日常生活所感而发。这个情况，有趣的是，它同俄国大作家托尔斯泰创作《复活》的经历有惊人的相似之处。托尔斯泰的《复活》，最初也是一篇"道德教诲"的中篇小说，也是经历了十年的反复修改才成了后来具有极其丰富深刻内容的长篇巨著的。曹雪芹的《风月宝鉴》和托尔斯泰的《复活》初稿，两者的情节都可能较单纯，生活画面也较窄小，思想深度较浅，和日常生活的距离较接近，而"情感"也显然不会太丰富深沉。但成书后的《红楼梦》和《复活》却大不一样，他们表述的某种生活涵义远远超出了作者个人或一小部分人的生活经历；蕴含的思想意义，也不是仅仅局限于两性关系的道德教诲；而它们同样都迸发出一种巨大的、悲天悯人的人道主义感情，又表达了丰富深刻的社会意义的普遍性，使细小狭窄的某些个人生活经历中的恩恩怨怨相形而见绌。这就充分说明了日常生活情感和审美情感的区别和联系：日常情感是个人的、偶然的、分散的；而"审美情感"则是对它的一种概括和普遍化。从这个角度来看前述兰格等人所称的"人类情感"、"客观情感"、"情感概念"等，其用意也许就不难理解了，尽管他们用的那些概念颇有语病。兰格所称的"人类情感"，如果我们把"人类"易之为**社会**，也许更接近于真实的情况：——"审美情感"是一种**社会心理活动**的现实，是在人与人之间的"社会交往"（social intercourse）所造成的、为人们普遍认同的一种"**客观**"的情感；是在一定的历史时期、一定的社会形态内的大多数人（社会的）所共同持有的普遍性的"**情感概念**"。

三　"审美情感"必为理性思维所制约

从（心理）科学的角度来说，究竟"情感"是什么？迄今我们鲜有所知。因此，奥国音乐美学家汉斯立克（E.Haslick, 1825—1904）悲观的结论也不为无因："肉体的印象怎么会成为心灵的情况，感觉怎样成为情感——这些问题都是在神秘的桥梁的彼岸，还没有一个科学家能跨过这座桥梁。肉体和心灵的关系，这个原始谜语有着千种形态、万种变化。提出这个谜语的斯芬克司永远也不会纵身跳下她的岩石"。[①] 他又进一步说："这些问题——就我们所知和我们的判断看来——**生理学都不能解决**。它怎么能解决这些问题呢？它连痛苦和欢乐是什么东西都不知道呢！因此大家不要向一种科学要求它所不能给的解答"。[②] 汉斯立克说了这些话之后，一百多年过去了，但目前情况是否有所好转呢？恐怕仍不容乐观。当然，20 世纪的心理学（生理学）有很大的进步，但对"情感"的问题我们依

[①]　汉斯立克：《论音乐的美》，中译本，人民音乐出版社 1982 年版，第 81 页。

[②]　汉斯立克：《论音乐的美》，中译本，人民音乐出版社 1982 年版，第 31 页。

西方半抽象艺术

[荷兰] 梵高:《圣兰姆医院》(公元 19 世纪)

然所知甚少。举例说，1975 年苏联出版的一本心理学的教科书，其中对"情感"问题的论述，比之他们二十年前的著作也无甚进展，也没有什么太多新的内容。虽然其中论及"审美情感"（美感）时把它归入于"高级情感"一类，而他所谓的"高级情感"，也只是："这些情感渗透的理智的因素。这种情感还具有许多特点，它们可能以其开展的形式达到很大程度的概括性"。① 但究竟这种"高级情感"同我们的理性思维（理智）的关系的具体情况又如何呢？仅仅用"渗透"这样多少有些文学化的字眼是说明不了太多问题的。

但是，说抽象的"理智"能"渗透"于情感，却毫无疑义地表明了如下一点：即"理性"（理智）和"情感"原是两件不相干的"东西"，"理性"是从外部"渗"入于"情感"之中。但在日常生活中，我们面对某些具体事物而引动感情，也绝不能说和我们理解这些事物的性质无关，也就是说日常情感之中也同样"渗透"了一定的"理智"的因素。如果把日常情感称之为一种"低级的情感"，那么，似乎"理智"也应该分出一些等级：有渗透于"低级"的日常情感之中的"理智"（理性）。一个孩童的情感有别于成人的情感，幼稚的孩童稍有不满即放声大哭，但智力成熟的成人却能加以适度的控制。两者的区别，恐怕最根本的原因就在于他们的"理智"的性质有所不同；而作为一种"高级情感"的"审美情感"，其中所"渗透"的理智，也似应是一种更高级的"理智"（理性）了。"理性"（理智）是怎样从**外部**渗入到"审美情感"之中，这样一个心理问题恐怕很难完全弄清楚，因为我们根本不能钻到别人的头脑中去一窥究竟，我们最多只能对文艺创作中表征出来的一些心理现象加以观察和分析描述。理性思维（理智）的制约、渗透于文艺创作（情感），一般来说，可以有两种情况：一种是较清醒的、较自觉地把某种理性观念去指引、规范、渗

---

① 　彼得罗夫斯基主编：《普通心理学》，人民教育出版社中译本，第 415 页。

透艺术创作中的情感活动；但还有一种情况，有些艺术家在创作过程中不能清楚地意识到这一点，因此，他的创作活动往往呈现为一种"无意识"（Unconsciousness）的活动，他的创作似乎被一种不可见的、盲目的力量所左右，甚至有时和他的有意识的理性观念相左。最明显的一个事例，如苏联作家法捷耶夫创作小说《毁灭》时的一些经历：据他自己说，他原来有意识的计划构思被一种潜在的、盲目的、无意识的力量所改变。过去，许多苏联理论家都把这个现象解释为客观生活的逻辑直接干涉、左右了他的创作，但他们忽略了极其重要的事实——当"客观生活"进入到一个人的头脑中时，也总是要成为一种观念性的东西，"客观生活"自身不可能直接钻进人的头脑中去的。问题的关键在于，显然这些对客观生活逻辑的理性认识（一定的逻辑概念），在法捷耶夫的头脑中出现时并不呈示出一种有意识（显意识）的状态而是采取了"无意识"（潜意识）的姿貌。这就是一个所谓"非自觉性"的创作活动的典型事例。

在我们的时代，作家艺术家如果勤勉地学习了马克思主义的科学理论，获得了对世界、对生活的一定的正确认识，持有了一些较深刻的理性理念，以这样的逻辑概念去看待世界和人生，同时又有效地制约、规范他的审美情感和艺术创作，当是大有裨益的。固然，有些艺术家，可能在他创作时十分有意识、十分自觉地应用一定的理性观念（世界观）去观察世界、分析世界并进行创作活动；但我们也不能排除另外一种情况，即他的头脑中的某些理性思想不处于一种"显意识"的状态而是成为一定的"潜意识"（无意识），从而去"指导"他的创作活动（如上述法捷耶夫的事例）。这样，这两种情况究竟孰是孰非呢？依我看来，不必对这两种情况判别其是非优劣，主要的问题是看创作的效果。创作过程中的"自觉"和"非自觉"地应用一定的理性观点去制约情感和创作，应该是不分轩轾的，不必去扬此抑彼，更不必尊此贬彼。"潜意识"（无意识）是一种客观存在的心理现象，不是我们褒贬的对象。它是一种科学研究的对象，如果用"史家笔法”对待之，这纯粹是庸人自扰，无事生非。

由此看来，柯克认为艺术家的创作活动扎根于它的灵魂深处的那个**“下意识”**（潜意识、无意识）的世界，它的深层的、稳固的、持久的一个心灵世界，不会受到他平时日常生活中由各种生活琐事所引发的一些喜怒哀乐的情绪波动所左右，这是完全正确的见解（见前引文）。

所谓“潜意识”（Subconsciousness），或称“下意识”，原来是一种很普通的、客观存在的心理现象的事实。如同另一些“直觉”（Intuition）及“灵感”（Inspiration）等一样，它们也都是心理活动中客观存在的硬邦邦的**事实**。但是，人们过去一听到它们往往就要大惊失色，错误地认为这都是些“唯心主义”的东西。这恐怕是因为，这些心理现象曾经被人作过唯心主义的解释，以致这些概念和事实本身也往往被人误认为都是“唯心主义”。其实这又是一种严重的误解。对于“潜意识”、“直觉”“灵感”之类心理事实，可以被唯心主义作解释，但也可能被唯物主义做合理的解释。如果它们因为曾经被人作过不正确的解释而因之一概地都要被废弃，这就像泼脏水而同时把孩子一起倒掉一样荒唐。

在我们日常生活中，某种“有意识”的心理活动如果延续多次，成了一种习惯，往往能成为“下意识”（潜意识）。例如，人们回到家门口，往往会“不假思索”，几乎是“本能”地把手伸入放钥匙的口袋中去，而不必经过“开门要用钥匙”，“钥匙放在右边口袋中”等一系列逻辑推理过程的思维活动。此外，在大街上，人们也往往会凭着自己的“直觉”而止步于红灯之前，不需要在头脑中先经过一番“不顾红绿灯会有交通危险”等一些“有意识”的思维推理之后再付之行动。上述种种，其实实质都是一种“潜意识”的心理现象。

在文艺创作领域里，这类“潜意识”活动的心理现象更是多得很。西方音乐史上记载过如下一件事情：有两个住同一栋楼内的音乐家，他们因为天天同时听到大街上一个盲人小提琴手长期重复演奏一个西班牙曲调，后来这两位音乐家不约而同、不自觉地把听到的这个曲调的旋律都当成自己的创作，写出了两首雷同的曲子。事后很久两人才找到了产生这件怪事的根由。

由此看来，人的头脑中的意识活动的场所，不像是仅仅只有一间孤零零的大屋子，这栋"房子"可能还有下层或"地下室"可作为贮藏某些心理活动的"仓库"。不然，人们的许多心理现象就无法解释——为什么有些事情被一度遗忘之后又能被回忆起来，等等。这些也都是属于"潜意识"（下意识）的心理范围。

如果事实正是如此的话，那么有许多心理现象可以得到合理的解释和说明：有些思维是"有意识"的活动；而有些心理活动却是"潜伏"在那"地下室"里活动的。这些意识活动，恐怕也不是老固定地呆在一个地方，它们也许上上下下的活动很频繁——"有意识"可以转化成"潜意识"；"潜意识"也会离开它原来潜伏的"地下室"，重新上来而成为"有意识"。而且，两者之间恐怕也不是相互孤立又相互隔绝地毫无联系，两者之间也许还存在着"剪不断，理还乱"的心理纽带的联结。如果上述这个设想和推断符合于客观事实的话，那么，文艺创作中的情感活动，从表面上看来似乎不存在理性思维的直接参与——呈现为一种"非自觉性"的迷人的视听的现象，而实际上，理性思维的认识活动的因素（有意识）正是暗藏在那个"地下室"里进行着"遥控"的活动。

如果我们不是对"潜意识"抱有误解或持有偏见的话，它并不是坏东西。而且，一些思想感情的心理活动要能成为"潜意识"，还不是十分轻而易举的事情。如果要把马克思主义的世界观变成某一个人的潜意识，非得要经过极长时期的刻苦勤奋的学习才行，这说明了马克思主义的正确思想已渗透到他的灵魂深处，已经成为某种固定的、"本能"的东西，从而才能在他进行文艺创作的时候能够"不假思索"地、自然而然地为正确的理性思想所掌握、所控制、所"指导"和所左右。

由此而言，文艺创作者头脑中的理性思维要转化、积淀为一种"潜意识"的心理状况，这绝不是坏事而是大好事。文艺创作者具备了这样一种深层的、稳固的、坚牢的理性思维的**基础**，才能仅仅能控制、驾驭他审美情感的奔驰，并升华为生动完美的感性形象，而达到艺术活动的目的和效果。

曾经有一部美国拍摄的电影，其中描述了一位心理失去常态的戏剧演员，他在排练《奥赛罗》的过程中竟把日常生活和艺术创作两者的界限扰乱了，从而把舞台上的思想情绪（戏中角色的精神世界）带进了自己的现实生活中，最后导致他把自己的妻子当作苔丝德蒙娜而掐死。虽然这个故事似乎有点无稽，但其中却包含着一件确凿无疑的事实——一个从事艺术创作活动的人，他的头脑中存在着**两个**精神世界：一个是他应付日常生活的思想感情的领地；而另一个，则是他在进行艺术创作活动时的精神领域。这两个世界之间当然不会绝对没有联系，但却也不能简单地混而为一。有位名叫兴德米特的当代德国音乐家也曾经指出过这个问题："我们设想一位作曲家正在创作一首极其悲伤的送葬曲。为了这首乐曲，他可能要花三个月的时间的辛勤劳动。是否在这三个月的时间里，他什么也都不想，只想有关送葬的这件事？或者，是否他在吃饭、睡觉等不从事这项工作的时间里，把哀思抛开，心情舒畅地生活着，一直到再提笔时才恢复这种忧郁的活动？如果在创作和书写的时间里，他的确能够准确地表达他的情感的话，那么我们从中得到的将是一种可怕的混合物，其中悲伤的成分一定是为量极少的。"[1] 很显然，这位音乐家看到了这两个精神世界的区别，但他却搞不清楚两者的正确的关系。因此另一位音乐评论家就批驳他说："在兴德米特的分析里，他似乎故意地拒绝去理解艺术家生活中有**两重性**这样一个事实：一方面是他**自觉**的日常生活，在其中他受到很多临时

---

① 　戴里克·柯克：《音乐语言》，中译本，人民音乐出版社1981年版，第24页。

性的琐屑事物对他感情上的干扰；另一方面，是他的**非自觉**的艺术创作生活。……如果兴德米特本人没有这种经验，他一定听说过一些伟大的艺术家常有一阵阵'心不在焉'的情况。他一定了解，下意识中的艺术创作活动是怎样在日常生活的干扰下坚持下去。当我们说一位作曲家用了很长时间来创作一首冗长的乐曲来表达他的情感时，不言而喻，我们指的是他的**深刻**的、**永久**的、**意味深长**的**情感**，而不是日常生活中的欢乐或失望所引起的那些表面的、暂时的情绪"[1]（着重点为引者所加）。当然，在我们今天看来，这位音乐评论家的这些正确意见中也还有某些疏漏不足之处——即那个扎根于"下意识"之中的"深刻的、永久的、意味深长的"审美情感，忽略了其中深深积淀着作者的理性思维和精神的影响。总之，"潜意识"或"下意识"只是指一种沉"潜"于"下"的理性意识，而决不是说没有"理性"的意识。从这个角度来说，强调艺术的"审美情感"内容，绝不是否认艺术的"内容"中包含着深厚的理性思维。理性的思维认识因素总是一定的"审美情感"中蕴涵着的"内核"，它不应肤浅地显露在外，才能成为完美的艺术作品。

---

[1]　戴里克·柯克：《音乐语言》，中译本，人民音乐出版社 1981 年版，第 24 页。

第四章

艺术形式的美学分类

在五光十色、异彩纷呈的大千世界中，各种各样事物的外貌——形象、色彩和音响千姿百态。当它们通过我们的感官而与头脑中的情感和思维接触时，便会构造起一定的审美形象来，就像古人所说的："情以物兴"，"因情立体"，"为情造文"等（刘勰：《文心雕龙》）。这种独特的审美（艺术）心理结构，在我们今天看来，"情思"便是其真正的"内容"，它深涵在具体感人的形象（形式）之中。这种独特的艺术的"形式"，亦即一种"情感符号"（参见前章）。因此，人们开始构筑这种"符号"时，便首先采用描摹这些外界的物象的真实形状的办法，这种一般称之为"写实"的形象，或可称之为"模拟"或**具象**形式，以之区别于另一些不用去描摹外界物象的艺术形式（符号）为**抽象**的形式。下文拟依次列论之。

一　纯粹"具象"（写实）的艺术形式

这一类所谓"具象"（"写实""模拟"）的艺术形式，其主流为文学中的小说、戏剧等，而抒情诗歌则应是一种"准具象"的形式。在造型艺术（美术）领域，大部分形式亦仍为纯粹"具象"性质的作品，它们必须去描摹外界事物的形貌来构成它的形象形式——不论是人们自身的状貌行为或自然界的景物。但是，在历史发展的过程中，不论中外均产生了一种舍弃"具象"而趋向"抽象"的历史潮流（详见后文）。

在古今中外的文学作品中，长篇小说堪称为"具象"（模拟）性质的

西方写实艺术

[法] 拉杜尔:《静物》(公元 19 世纪)

艺术形式的典范。试以我们最著名的古典小说《红楼梦》为例，作者曹雪芹把他对当时社会现实生活一些情感态度和认识通过描绘大观园内外的种种生活现象而表现出来，同时也触及到其中的社会本质。但是，从这种艺术形式本身来看，作品的思想感情的艺术内容（审美情感）的表述又是间接的。为什么说是"间接"呢？因为在这部《红楼梦》中，读者只能见到贾宝玉、林黛玉等这些人物在活动，而作品蕴含的思想感情内容（同时也是作者本人的）却被那"摹仿"得惟妙惟肖的形式掩藏起来，影影绰绰透过第三人称的形式"间接"地"表现"出来，并为观众读者所接受和感染。这就是曹雪芹所谓的："虽其中大旨谈情，亦不过实录其事"。

这里我们必须明确一点：在这一类艺术形式中包含的"内容"，除了一定的思想倾向和情感态度之外，还存在着对某些社会现象的本质的一定认识因素。但是，前者才是主要的东西，后者只是配角，决不能主宾错位，本末倒置；不然，如果夸大艺术的认识性因素甚至认为只有"认识"因素才是艺术内容的主要或唯一的东西，就往往容易削弱或者甚至取消艺术之为艺术的最基本的性质。（参见"附录"中的《大旨淡情》一文）

这一类"模拟"性的艺术形式，由于它这种特定的"形象"形式的特点和容量，确实有它特殊的优点，为其他非"模拟"性的形式所不及。它所能表现的多种方面的思想感情，又具有相当的深度与强度，又比较明确具体。这些都与它的独特的"模拟"形式有关。

这类艺术形式既然必须"模拟"社会生活现象，而且往往需求"如实"地描摹这些生活现象，因此在文艺评论中便提出了一个"真实性"的概念。

但是，艺术的"真实性"，准确地说应该是指情感的"真诚"，它不该笼统地混淆于一般的"真实"概念或甚至科学的"真实"（认识本质）。由此之故，这一类"模拟"形式要求能达到惟妙惟肖的地步，它的"真实感"的外形往往使人迷惑，看不清被它所掩藏起来的真正内容；从而又经常使人错误地认为它"模拟"得像真的一样，目的仅仅是为了像科学一样去揭示其中的本质。例如鲁迅笔下著名的典型人物阿Q，个性的描绘栩栩如生，但这是否就如有些文艺理论家所"解释"的，这个形象只是为了去"认识"和"揭示"落后的农民的"阶级性"本质呢？这种说法其实是经不起深入推敲的。事实上，鲁迅所讽刺揶揄的"阿Q精神"，远远不限于农民阶级中的一部分人，这种"精神胜利法"之类，在当时旧中国的各种阶级和阶层的人们身上或多或少也都存在（统治阶级身上也许更多）。它是旧中国的特殊的政治、经济条件下的必然产物，而鲁迅先生又是怀着沉痛的感情去进行针砭的。如果把阿Q这个典型形象所蕴涵的"内容"局囿于"认识"了"落后农民"的"阶级本质"，岂不大大缩小了它丰富的思想意义和深沉的情感内容？

有些艺术体裁，不但必须用"模拟"的形式，而且还只能"模拟"社会生活现象，不可能允许"抽象"形式的存在。如小说、戏剧之类，其中虽也"模拟"一些自然物，但最多只能作为陪衬（环境）的配角出现。单纯地"摹仿"山水花鸟的小说和戏剧，根本就不可能存在（以"拟人化"的动植物为主角的寓言体裁是一种例外）。但是，造型艺术领域的情况就比较复杂而不同，绘画或雕塑，不但可以"模拟"人物形象，也可以描摹一些自然物的形象；而且我们还难以肯定地断言在造型艺术中就绝对不可能存在像音乐那样完全不"模拟"任何具体物象的情况（此问题后文还要详谈）。但是，绘画中的"模拟"性因素却也不能绝对排斥。有些同志认为，造型艺术中可以允许一些"抽象"的形式；但又有人认为，自从人类发明了摄影机之后，绘画中的"模拟"性形式和手段就应该取消了，摄影机已可取而代之。其实这种见解也是偏颇而不符实际的。摄影术的发明已有一百多年的历史，但绘画史的事实告诉我们，当1839年摄影机问世之后，摄影术不但没有对绘画造成威胁，相反的，对一些画家还起到一种辅助的作用。摄影术对"模拟"性的绘画反而产生一种积极作用，这是历史事实，新墨西哥大学的教授柯克所著的《画家与摄影术》一书中，详细记述了德拉克罗瓦和库尔贝等人都曾利用相片代替素描稿作画，可见绘画的"写实"功能还不是摄影术所能取代得了的。

无论中外，在造型艺术（美术）领域，特别是绘画艺术，前期均为"具象"（"写实"、"模拟"）艺术的一统天下，尤其是在西方，这种"具象"（写实）的绘画传统尤为强大。

绝大多数的"具象"绘画，西方学者喜欢称之为一种"说明性"（descriptive，或译作"描述性"）的艺术，但它与"叙事性"的概念上有所区别："叙事性"（narrative）必须有一个故事情节；而"说明性"则包括"叙事"，但它也包括"描述"某些自然物，当然也可以显示某一个人的形象，如肖像画。人所周知，古希腊绘画大都取材于他们的神话故事；后世的一些以圣经中的基督教故事为题材的绘画作品，也大都在绘画中描述一个情节性的片段（瞬间）；再往后，到了近世，由宗教神话题材转变到了世俗生活题材，这种"叙事"或"说明"性的绘画在那个历史传统的基础上又进一步发扬光大，尤其是 19 世纪的俄国绘画，几乎可说是达到了一个"登峰造极"的境地。而中国的绘画当然也不例外，虽然其"写实"的程度不如西方绘画高，但也曾为人重视并努力进行许多类似的尝试，特别是两宋的一些"院画"中出现的花鸟画，这种"描述"（说明）的本领可说是达到了"超群绝伦"的地步。

从美学角度而言，这个所谓"描述性"概念的最基本要求，就是指这类作品比较忠实（客观）地"模拟"了某些外界物象（人或物）的固有的特征，不作"变形"（distortion）或"简化"（simplificaion）的艺术处理。

"叙事性"是属于"描述性"形式之一种，而且是最富有代表性的一种"具象"形式。举例来说，希腊绘画中"描述"了亚历山大大帝击败波斯王大流士的战役的一个片段情节的精彩描述（现存有罗马人的古摹本（《镶嵌画》）。"文艺复兴"时期也有不少"描述"了"基督受刑"、"圣母谢世"

等圣经中记述的基督教事迹的种种片段描绘。又如 19 世纪的俄国画家苏里科夫的《近卫军临刑的早晨》或列宾画的《伊凡杀子》等描色绘声，栩栩欲活。这类绘画，人们赞之为"戏剧性"的描绘，正因为它们就像一出舞台剧在演出过程中用照相机"抢拍"下来的一瞬间的摄影形象，虽然是静止的，但人们可以由此联想、恢复这一事件的全部活动过程。在中国古代绘画中，最富代表性的例子是汉成帝和大臣朱云的故事（见《汉书·朱云传》）图中描绘的朱云怒目疾呼而谏，手攀栏杆折的瞬间，动作、姿态和神情极为真实生动，其故事情节的传达也很明确。此外，还有另一幅值得一提的是宋代陈居中的《文姬归汉图》，画的是有名的蔡文姬的历史故事。这类"情节性"绘画，中外艺坛上数不胜数，这里不容一一详列，只能挂一漏万地举例以说明其性质而已。

但是，画史上数量远较上述"叙事性"绘画为多的是一般的"描述性"绘画。这类作品，一般只是画了单个人物或一些孤立的生活场景，其中不包括曲折的事件。这里可以举宋徽宗赵佶画的《听琴图》为例，图中画三人，人们猜测中间弹琴者是赵佶的自画像，左侧穿官服者为大臣蔡京。但此说尚难确证。不管怎样，是肖像不是肖像且不去管它，这里只是一个简单的生活场景，人物也只是单纯地表现了他的姿貌、动作和神情——简单地"描述"，"说明"了他们在做什么。与此相近似的西方绘画中的事例，可以举达·芬奇的著名的《蒙娜丽莎》。这幅举世闻名的巨作，也有人认为是一幅肖像，但究竟达·芬奇要"描述"、"说明"的是什么，历来众说纷纭，莫衷一是。这里也不可能去细究。但这是一幅没有故事情节的"人像画"，却是可以肯定的；其所表现的某种引人玩味的姿貌和神态，也历来为世人所瞩目。

其次，是"肖像画"，这个类目在绘画领域也是一个大宗。中外古今存留于世的"肖像"，如果统计一下，其数量将是十分惊人的。在中国，故宫博物院珍藏的大量历代帝王的肖像，以及散见于民间的达官贵人的肖像，亦无法胜数。但在中国历来因不甚重视，故其艺术性一般都不太高，能达到"留影"的目的而止了；不像西方人的肖像画中较多重视艺术性的描绘，如 19 世纪俄国画家列宾的托尔斯泰像或音乐家穆索斯基的肖像，较多刻画其精神面貌并表现了画家本人的某些审美意向，故具较高的艺术性。

但是，这种描摹人的活动的"描述性"绘画中，最令人难解的是表现了较大的生活场景的作品，最具代表性的例子如北宋画家张择端的《清明上河图》，画的是北宋都城汴京市郊的庞大生活场景，其刻画之细致入微，令人咋舌。西方绘画中类似的例子如弗里斯（Frith, W. P. 19 世纪英国画家）的《大赛马日》（Derby day），堪可媲美。但是说实话，我们确实无法知道这些画家当年是出于一种什么心情和意图去画这样的画的；画中究竟表现的是一种什么样的意向（审美），后人都很难理解和解释。

第三类可归入这种"描述性"的艺术形式是一些以自然界的现象为题材的绘画，指的是中国绘画史上比较"写实"即一种纯粹"具象"性的作品，如元以前的一些山水花鸟画；以及西方在"印象派"问世之前的"风景画"和"静物画"等。

17 世纪意大利著名画家卡拉瓦乔（Caravaggio，公元 1573—1610），他的绝大部分作品都是人物画，但留下一幅唯一的"静物画"——《水果篮》，画幅上呈现的一些水果，真可媲美于现代的水果罐头的广告画。这幅"静物画"，大概是西方绘画史上最早出现的"静物"作品之一。但画家出于什么样的意图而作，后人也颇难知晓。这种把自然物品也画得惟妙惟肖的方式形成了一个传统之后，一直到 20 世纪之前，西方也一直没有人想去改变它。在中国绘画史上也可见到类似的情况，从唐代开始，花鸟动物之属从人物画的背景和陪衬的地位逐步独立出来，进入宋代便臻于大成。两宋时期的所谓"院体"花鸟画，是中国绘画史上的"写实"风格的巅峰。但中国画家同西方画家的不同之处在于：中国画家虽不懂得通过光影效果去表现物品的"质感"（如水果），但他们的刻画却细致到果子或叶瓣上一个虫咬的斑点都不轻易放过。很显然，他们尽了最大的努力在他们的绘画技巧所能达到的能力范围内十分忠实地"再现"这种自然物象。最有代表性的作品如现存的一些南宋时期的纨扇上的小品，如《出水芙蓉图》（佚名），及《果熟来禽图》（南宋·林椿）等。再看看风景（山水）画的情况，西方绘画技法因为应用"透视"和"明暗（光影）造型法"，因此"风景画"也像照片一样"再现"真景，例如英国画家康斯坦勃（Constable）在1816年画的《威文荷公园》，是这个真实环境的完全如实的"再现"。又例如19世纪俄国画家列维坦的有名的《弗拉基米尔之路》等等。与西方相比，中国早期的山水画虽然"写实"（具象）的程度远不如西画，但他们的创作意图也还是追求"再现"自然真景这个美学目的。北宋山水画家郭熙论"山水画"，强调的是"可行"、"可望"、"可游"的审美要求，就是最明显的证据。以上所谈种种，不论其描摹的社会生活景象或自然物象多么"真实"，但其中蕴涵的艺术"内容"仍为一种社会性的"审美情感"（通过创作者的头脑），而决不是去"认识"其中的"本质"。

"写实"（具象）的绘画形式，无论在中外绘画史上都是一种客观存在，是不以人们的好恶为变更的历史事实和现象。但这里还要强调一遍，所谓"写实"或"具象"（摹仿）等概念的"外延"是较宽泛的，不仅指称西方绘画史上曾经达到极其"象真"的所谓"幻觉主义"的形式，同时也用来指称早期中国绘画中的某些"写实"程度较低（同西方绘画相比而言）的作品；而且，甚至还可以指称某些历史条件下的人们主观要求"写实"而实际上因力不从心而做不到的情况，那些绘画只是从现象上看来貌似"抽象"的非"写实"的作品，而它们的真正的美学性质却应该说是属"写实"的范畴（如原始绘画）。由此看来，在绘画的创作实践中追求"具象"（写实）的审美效果，是一种不应贬低的历史事实。

二 从"具象"走向"抽象"的艰辛历程

但是，在中西绘画史的后期却不约而同地产生了由"具象"（写实）逐步改变为"抽象"（写意）形式的历史趋向。

西方的绘画史发展到 19 世纪之末，产生了一些明显的变化。始于所谓"印象派"（Impressionism），大盛于"印象派"之后起来的一个画派（Post-Impressionism），乃至 20 世纪之初的所谓"立体派"（Cubism）和"野兽派"（Fauvism）等。自此之后，"写实"绘画的大一统天下的良辰美景便一去不复返了。这种新的画风的具有代表性的画家如塞尚（Cézanne）、梵高（Van Gogh）和高更（Gauguin）等人。这种新兴画风区别于传统的"写实"画派的最明显的特点，就是放弃了以往的那种"幻觉主义"的画法——"光影"被漠视了，"透视"也不注意了，有时甚至故意破坏"透视"，（最显著的例子如塞尚的一些"静物画"）。因此，他们虽然还在"摹仿"一定的物象（题材），但不去"如实"地描摹，乃至出现"变形"（distortion）的处理方式（详见后文）。以致当它们刚问世的时候曾招致很多异议甚至激烈的反对。

正值此时，理论阐释亦应运而生，那就是 20 世纪初出现的英国艺术评论家克莱夫·贝尔（Clive Bell）的著作，而贝尔提出有名的"有意味的形式"（Significant form）的概念，更为风靡一时，至今不衰。这里不想全面地去评议他的美学观点，但由于他的美学见解主要是对"印象派"之后的画派而发，因此，粗略考察一下他的与此相关的理论，对正确认识那个画风当有所裨益，而"有意味的形式"之说，尤为值得注意和重视。

贝尔高度推崇"印象派之后"的艺术价值，而且十分敏锐地看到并从理论上指出，这种新的画派之异于以往的"写实"（具象、再现）画风的最主要之点，在于他们把笔下所"摹仿"的物象加以艺术的"简化"（Simplification），亦即所谓一种艺术的"变形"（Distortion）。正是这样一种艺术的"意匠经营"（Design）的崭新方法，破除和改变了以往的"写实"绘画的陈旧方法和体制，开创了西方现代绘画的新纪元。贝尔的"简化论"，是阐述塞尚等人的画风的一个十分重要的关键。如贝尔说："'印象派之后'的画家们采用了充分'变形'的形式（distorted forms）以挫败和阻止人们（对'再现'因素的）计较世俗厉害和好奇之心，但这样一种艺术形式也仍有足够的'再现'性因素，以唤起观众直接着眼于这个艺术创造活动（design）的品质，从而找到了通向我们的'审美情感'（aesthetic emotion）的捷径。"① 这种"变形"的艺术手法，贝尔又称之为"简化"："简化"并非仅仅去掉一些细节，这是不够的，而是要把剩下的"再现"成分改造成为"有意味的"（Significant）。"②

贝尔的《艺术》一书初版于 1913 年，他时年 32 岁。这部名著半个世纪以来一版再版，不计其数。但到了他暮年时的一个版本（1949）的序言中，自己也坦率地承认他的这部风靡世界的著作中有一些"过头的提法、幼稚的、简单化的以及不公正的评论"。于此看来，我们后人似乎更不应该对他"求全责备"了；我们似应更多关注其中一些闪烁着真理光辉的论述和思想。尽管贝尔并没有能十分透彻地说明他所提出的"有意味的形式"、"审美情感"、"简化"、"变形"等等一系列美学概念的具体内涵，但这些概念却还是对实际的绘画艺术的实践做了一些切中肯綮的概括。

---

① [英] 贝尔:《艺术》英文本，伦敦 1928 年版，第 227 页。
② [英] 贝尔:《艺术》英文本，伦敦 1928 年版，第 227 页。

西方纯抽象艺术

［俄］康定斯基：《即兴之作》（公元 20 世纪）

　　无论如何，我们中国人要去欣赏和理解西方艺术（绘画），总是隔了一层，总有许多难以逾越的天然障碍。但是，尽管我们很难见到西画的原迹而只能通过一些印刷品去了解它们，虽只能观其大略，然尚能构成对塞尚等人的画风的粗疏印象，以及他们同他们的前人之间的巨大差别。塞尚等人的所谓"印象派之后"的画家们的画风，其最鲜明的一个特点就是所谓"变形"的艺术手法。贝尔说"变形"就是"简化"掉一些"细节"，看来，主要正是指以往的"写实"画法中的"透视"及"光影"等。但是，仅仅这些还不够，贝尔认为"简化"了的形象还要加以改造（变形）才是具有一定的艺术"意味"。必须强调指出的是，塞尚等人的作品中，尽管已掺进了一些非"写实"的因素，但始终还保留着一些"写实"（"再现"性）的因素（如经过充分"变形"或"简化"了的"人"、"花"、"风景"等的形象描绘）。这种"非再现"性的因素，笔者喜欢称之为"抽象美"的因素，也就是贝尔较笼统地称为"有意味的形式"的概念。既然这种绘画中"写实"与"抽象"的因素参半，故不妨可称之为"半抽象"的形式，或"抽象"和"具象"相结合的形式，似更贴切。

　　值得引起我们注意的是，贝尔把这种"半抽象"形式中的"具象"因素称为"再现性的因素"（representative element），但他还没有主张把它们完全排除干净；相反的他认为它们还能有一定的作用，这就是他所提出的一个所谓"引线"（clue），或称"提供信息的引线"（informatory clue）①，指的就是那个所谓"再现的因素"。举例说，一幅画中画了一朵"花"，欣赏者首先在画幅上看到和知觉到的就是"花"这样一种"植物"（知识）。人们最初的知觉只是一种"知识性"的观感："这是一朵花"的知识；然后，这朵"花"的"再现"性形象便成为一种"引线"（clue），由它指引人们进一步去欣赏画家在"再现"这朵花的同时所创造的一种艺术的"意匠"

---

① ［英］贝尔：《艺术》英文本，伦敦1928年版，第224—226页。

(design)。从另一角度说，一朵"花"的"再现性"形象仅是一种"题材"（subjects），不是真正的艺术的"形式"（form）。贝尔的这种意见是符合客观事实的："你可以注意到，有些不能感受纯粹的审美情感的人只记住画中的题材（subjects），而有审美感受能力的人则对那些题材没有印象。他们从来不去关注画幅中的'再现因素'，因此当他们讨论绘画时只谈及各种性状的形式和色彩变化和关系"。[1] 于是贝尔提出了他的那个赫赫有名的"有意味的形式"（Significant form）的概念："在每一件美术作品中，线条、色彩以某种独特的方式组合成某些形式和形式间的关系，能激起我们的'审美情感'。这样一种**线和色的组合和关系**，这种美感动人的形式，我称之为'有意味的形式'。"[2] 很清楚，贝尔把一个艺术形象分析（分解）为两种成分：一种是"再现性"因素，即描摹的客观物象，它是"非审美"的；另一种是"审美"的、"有意味的形式"的因素。对于前者的性质，相对地说还是比较清楚的；但贝尔对于"有意味的形式"的阐释，就未免太笼统含混了。事实上，贝尔自己对这个问题看来也还没有完全弄清楚，他在该书中另一处谈及此问题时又曾说过："我们不得不承认，以一种独特方式打动我们的艺术形式，是按照一个**未知**和**神秘**的**规律**来处理和组合成的；而艺术家就是按照这种规律去处理、组合成能感动我们的形式"[3]（着重点为引者所加）。由此而言，贝尔的这个"有意味的形式"的概念，只能自之为一种"假说"，它是有缺陷的理论，缺点是**含混笼统**。

　　现在让我们再到中国绘画的领域去看看其中的情况，它和西方绘画有否相同之处。中国的传统绘画发展到了明清时代，所产生的情况就同西方 19 世纪之末的"印象派之后"极为近似。但这种美学特质的造成并非

---

[1]　[英] 贝尔：《艺术》英文本，伦敦 1928 年版，第 30 页。

[2]　[英] 贝尔：《艺术》英文本，伦敦 1928 年版，第 8 页。

[3]　[英] 贝尔：《艺术》英文本，伦敦 1928 年版，第 30 页。

一朝一夕之功，而是经过了相当长的历史演化而逐渐形成的。要科学地了解某一种事物的性质，乃至想预测其未来，回溯其过往的历史是一个不可或缺的环节，我们只有从其形成的历史过程中才能更清楚的认识其真性质，舍此别无他途。

中国的传统绘画中最值得我们注意的是一种可以称之为"程式"（程式化）的艺术因素；而它表现得形态最鲜明的则是山水画，尤其是山水画中的所谓"皴法"更具典型性。

"皴法"作为一种艺术的特殊"程式"，它也是历史的产物。换句话说，它在中国绘画发展的历史中并非一开始就有的，而是经过了一定的历史发展过程才逐步成长起来的。它最早的萌芽大概是在晋唐之间，必须明确指出："皴法"最初为人们所创造时，原本是为了"摹仿"事物的相貌，但后来逐渐在历史演变的过程中，却被改造成为一种与"摹仿"相抵牾的艺术因素。这一极其重要的历史事实，有许多人往往不懂得，因此他们常常笼统地断言任何和"皴法"的美学性质都是摹仿自然，其原因是没有弄清楚中国绘画演变的历史事实。在中国绘画史上，前期（基本上指唐宋时期）和后期（明清）的"皴法"是有着本质（美学）上的区别，绝不能相混淆。

概略地说，从唐末五代到宋初，是山水画中的"皴法"创生、成长的阶段。现存的唐人山水画中，我们能见到最原始的"皴法"的印迹，当时的画家开始简单地在勾定的树石的轮廓之中画一些不规则的线条以代替原来平涂的颜色，这样"皴法"最初出现时的性质确实是出于一种"摹仿"的意图：——"皴法"可以比"单线平涂"更好地表现树石等物的"质感"。历唐末五代宋初，山水画中的"皴法"开始成熟，五代宋初，当时有所谓"三家山水"，指的是三种不同风格流派的山水画。从绘画的技法上看，这三种画法最鲜明的特征也就是在"皴法"上的区别，各有鲜明的特色：如董源创造了所谓"披麻皴法"；范宽用的是所谓"雨点皴"；另一位李成，其皴法后人虽未立名目，但他也有其特色，与其他二人均不同。

此时，"皴法"虽已成为一种艺术的"程式"，但它与后世的"皴法"仍有所不同，这是指其美学性质上的不同。这又是非常重要的一个历史事实，可惜很多研究者都未加充分注意和重视。

一般说来，从五代到北宋前期的山水画中的"皴法"即使作为一种"程式"来看待，它的美学性能基本上也仍然是"摹仿"性的，例如，董源创造的"披麻皴"，源自江南的平远山景；而范宽的"雨点皴"，则来源于摹写关陕一带的巨大山川；从李成到郭熙，描摹的又是中原地区的丘陵景色。而且，此时的"皴法"用来描摹和忠实"再现"树石等物，还多少含有一点表现"明暗光影"的意味，画家也恐怕有这种主观意图（如所谓"石分三面"）。但中国绘画中的"明暗"（深浅）表现，远不如西方绘画中的"明暗造型法"（chiaroscuo）那样合乎"科学"（光影规律），而且，很快的又放弃了进一步的追求光影的精确刻画。因此，我们就很难笼统地承认所有的中国画中的"皴法"都是表现明暗光影的手段。

从北宋后期，历南宋而至元代，"皴法"缓慢地进行着一个质变的过程，那就是从"模拟"性逐步演变成为非"模拟"性的历史过程：原来为了描摹山石树木的纹理（质感）的性能被逐步淡化了；原来就不太明确的、微弱的光影现象，更被漠视而弃之不顾；于是，"线"和"点"自身的品质成为人们自觉不自觉之间发现的一个崭新的艺术天地。北宋初期的巨然，是董源的"披麻皴"的直接继承者，但已有了"程式化"倾向的迹象；此外，又如许道宁、王诜、米芾父子等人，是这个演变的历史过程中的前期人物；从元初的赵孟頫到"元四家"，则是这个历史演变过程的完成者。

如果我们作一个不是十分恰切的类比的话，宋元时期的绘画，似近于西方画坛上的"印象派"，如马奈（E. Manet）、莫奈（C. Monet）、毕沙罗（Pissarro）等人，他们是塞尚（Cézanne）等"印象派之后"的先导和过渡阶段。宋元时期的"皴法"，也不妨可以说是"程式"产生的历史过程中的一个中间性的历史阶段，这个过渡性的阶段，孕育了明清时期的山水画中的"皴法"的彻底的"程式化"。如果说，宋元时代的"皴法"还没彻底的"程式化"，也就是说，"皴法"还多少保有一些"模拟"性、还没有同物象的特征彻底决裂；那么，明清绘画中的"皴法"，就完全排除了"模拟"性，成为一种完完全全的艺术"程式"了。但这个转变也并非一蹴而就，也同样经历了渐变的过程，始于明初的沈周等人的所谓"吴门派"，完成于明末的董其昌。这种画风，我们不妨目之为中国的"印象派之后"。

由以上粗略的历史反顾，我们可以知晓，中国绘画中的"程式"因素，是一种独具个性的艺术因素，除了"皴法"以外，画树叶也有一套独特的"程式"如"介字点"、"胡椒点"，以及无名的三角形或小圆圈等种种"程式"，此外，中国的山水画的构图也具有一定的"程式"性，一律以稍带俯瞰的角度，不完全符合"透视"原理的"以大观小"的取景方法，也成为一种定式。这种"程式"性的东西，虽然从表象上看也"模拟"了一定的物象，但实质（美学的）上，它在画幅中的地位却是无足轻重的，"山水"也罢，"人物花鸟"也好，都已经过了艺术的"变形"，与所摹之原型已相距极远，成了一种完全是人工创造的"符号"了，懂行的观画者也不会去关注画家画得象不象，而越过它们去欣赏其中的所谓"笔墨情趣"。这就是笔者之所以把这种"程式"的东西称之为一个"支架"，它就像时装店中陈列的时新服装，要把它"支"起来才能招徕顾客，至于用什么东西都无所谓：——既可以用一个十分像真人的木雕，也可以用铁丝围一个简略的人形，都一样能达到目的。但是没有它却不行，因为不"支"起来是无法让顾客看清楚这件服装的样式风貌的。

看来，西方的"印象派之后"的塞尚等人的绘画，情况也近乎此。贝尔把这个"支架"称作"赘物"，而康定斯基则称为应把它除去的"障碍"，从某种角度来看也有一定道理，——既然这是一种无足轻重而又可有可无的东西，还继续保留它干什么呢？但问题在于：取消了"支架"，又如何

"**支撑**"起"线条和色彩的组合"或中国画中的"线和点的形式结构"呢？这也许正是中国的绘画至今没有彻底摒弃这个有用的"支架"的主要原因吧！而事实上，西方现代的"抽象"绘画中，也仍有相当大的比例的绘画仍属一种"半抽象"的性质，最有代表性的该数毕加索，又如莱热（F.legér）等人也仍未完全摒弃物象（"再现因素"），这些都充分说明了要扔弃这个"支架"并不是一件轻而易举的事情。

这就是中国的传统绘画的一种最令人迷惑不解的美学特质——"程式"。从现象上看，它多少还保留着一些模拟物象的因素，但从其本质上说，与模拟性（"再现因素"）已南辕而北辙，相去不可以道里计。因此，有些没有对中国传统绘画进行过深入研究的人便弄不懂"程式"的真正的美学性能，更无法充分估计它在中国画中的极其重要的作用，从而往往对之采取否定的态度和评价——或者简单地斥之"玩弄笔墨形式"的"形式主义"，或者目之为"摹古"、"复古"的"保守"的"公式主义"等。这种"程式"，确有它的稳定性的一面；然而事实上，千百年来也经历着复杂细微的演化过程，只有那些并未深入细致地区进行历史研究的人才会武断地认为它是陈陈相因、一成不变的东西。（请参见附录中的《论程式化》一文）

在西方现代绘画的一些前驱者之中，最值得我们注意的代表人有两位，那就是康定斯基和蒙特里安。而特别值得我们重视的是蒙特里安，他不仅从实践上而且还从理论上都进行着一系列纯"抽象"的尝试，并且卓有成效。蒙特里安早年学画时受的是正统的学院派写实绘画教育，但后来却从学院派的写实风格转变到印象派，又到野兽派，在 1910—1911 年间，他又热衷于立体派。里德说："他属于立体派中的分析派，而且似乎从未玩弄过格里斯的综合立体派。他的最后的纯抽象风格，是在他辛苦探索主题后面的现实的过程中稳步发展成熟的。"[1] 我们从他的现存的一些作品中

---

① ［美］里德：《现代绘画简史》，上海人民出版社 1979 年版，中译本，第 111 页。

也确可见到，他的较早的作品中也仍保留着一些"再现因素"，而后，又"稳步"地逐渐演变为纯抽象的绘画风格，但最值得我们注意的是他的最后定型的一种纯粹抽象的绘画风格具有鲜明的、独一无二的个性色彩——它来源于塞尚风格但最终却自成一家，而"支撑"他的这个个性鲜明的绘画风格的有力的"支架"，不妨说是一种独特的几何形的"方格"程式。而且它的画明显地具有深长的历史渊源，并非无根的"反传统"的产物，相较之下，康定斯基的画中的"程式"因素就并不十分鲜明突出，偶尔他也应用过一些三角形、圆形、直线与弧线的几何结构来作为他的画面结构的"支撑"，但更多的情况下应用一些不规则的线条和色彩，从而多少显得有点杂乱无章而失却艺术个性。

由此看来，绘画中的"再现因素"也不是绝对不可扔弃之物，但扔弃之后，必需寻找一个可以取代它的"支撑"之物，不然"形"（线条）和"色"的"抽象美"便无所依从，"美"的"符号"将无法建构。但如果一时找不到一个适当的代替品，暂时最好不急于扔弃。中国绘画目前大概正是站在这样一个十字路口——何去何从？未来的中国画，是否应该彻底摒弃目前仍存留着的一定的"再现因素"——"山水"、"花鸟"等种种物象，对于这个问题，理论实在无力回答。笔者认为：这是一个实践的问题（包括创作和欣赏两方面），理论无法明确答复。如果今天历史条件还不成熟，而我们硬要去生造出一种纯粹的'抽象'绘画，这是主观主义；但如果条件一旦成熟，历史就会自然而然地产生中国式的纯粹'抽象派'绘画，谁想禁止也是办不到的。

迄今为止，中国传统的绘画还一直没有彻底舍弃"具象"（'再现性'）的艺术因素。西方在20世纪初期以来已有人进行过完全舍弃"具象"因素的纯"抽象"的尝试，如前文提到的康定斯基（Kandinsky）和蒙特里安（P. Mondrian）等。但是，绝大多数的西方现代画家仍然没有完全舍弃"具象"的因素，最突出的事例如毕加索的作品，虽然"变形"十分严重，但他的作品中几乎还找不见一幅纯粹"抽象"的例子。换句话说，毕加索的画，仍属"抽象和具象相结合"或"半抽象"的范畴。而不是纯粹"抽象"的绘画。

上述情况也许说明了这样一个事实：在绘画艺术中要实现完全舍弃"具象"的因素，从理论上虽能论证其存在的合理性，但在实践中却遇到了重重困难。不然，像毕加索那样才华盖世的艺术家，却还如此"保守"，还不敢同康定斯基等人争胜，这又是什么缘故呢？看来，毕加索对理论似乎不感兴趣，也不同别人争论绘画中存留的"具象"因素是否应是一种"障碍"（impediment，康定斯基语），毕加索始终把这种"具象"（再现）因素仍作为一定的"支架"（skeleton）或"引线"（clue），用以"支撑"起他笔下的"抽象美"的艺术形式（形象）。康定斯基和贝尔是同时代人，两人的美学见解有某些相同之处，例如康定斯基在他发表的《论艺术的精神》一书中也说过："传统的装饰艺术可能起源于自然（现代装饰画家就仍然到农村中去摄取他们的题材）。在我们主张'自然是一切艺术的源泉'的观点时，我们必须记住：在摹仿当中，各种自然对象和事物被作为符号在运用，似乎它们就是纯粹的象征符号。由于这一原因，它们渐渐失去了对我们的含义，最后我们也不再懂得它们的内涵。例如龙的图案，就在中国的装饰中保持着鲜明的形体特征，但是一旦我们把它装饰在我们的餐厅或卧室的时候，我们就再不会为它感到不安，对于我们它与一块绣有菊花的桌布相差无几。……我们现在总的说来仍然要依赖于大自然，并从中发现我们需要的各种形式（纯抽象的绘画作品仍然是寥寥无几）。唯一的问题是我们该如何去寻找，换句话说，我们可以在多大程度上改变自然中的形式和色彩。"[①] 由此可见，要完全舍弃"具象"因素绝不是一件轻而易举的事情。从"具象"演变为纯粹的"抽象"，是一条

————————
① ［俄］康定斯基：《论艺术的精神》，中国社科出版社版中译本，第 61 页。

十分步履艰辛的历史道路。造型艺术领域中的"抽象"艺术，至今也无法完全取代"具象"（写实）而成为一统天下的霸主，这是一个历史事实，值得我们进一步去研究。

三　有没有纯粹"抽象"的艺术形式

但是，在广袤的艺术世界中有没有另一些根本不去描摹实物形象的纯"抽象"的艺术形式呢？也许，以下一些情况值得我们进一步去探讨：首先，视像领域中的装饰艺术、建筑艺术以及我国独有的书法艺术，是否应归入纯"抽象"艺术形式之列？

器皿或花布上的图纹，虽然也有一些描绘自然景物的情况，但也存在一些纯粹"抽象"的几何图案，称之为"抽象"形式，似不应引起非议。建筑的情况更明显，建筑上不会出现山岳或牛马的象形，这也毫无疑问。然而，这两者不具独立性质，而只是依附于器皿衣物及房屋之上，故缺乏"抽象"艺术的代表性。

更值得引起关注的是我们的书法艺术，这也是全世界范围内绝无仅有的一种独特的艺术形式。

从表面上来看，书法似乎因为书写了文字，就容易被人牵强附会地看作书法艺术的"内容"。文字的形态，在书法艺术中实际上也只是起到了一种如前文所说的"支架"的作用。过去又有人把书法误解为"模拟"外物形状的造型艺术，如我们的古人所说："鸿飞兽骇之姿，鸾舞蛇惊之态"。(唐·孙过庭：《书谱》) 其实那只是一种修辞上的比喻，不能穿凿附会成描摹物象。"书法"其实质也正是一种"抽象美"——完全依靠一些由人工创造出来的粗细转折变化的"线"和"点"的"抽象"形式结构，与描摹物象的绘画之类完全不同。笔者无意给"书法"艺术冠上"抽象艺术"之名，但无名而有实，从美学的角度来看，其真性质就应是一种"准抽象"的艺术形式。(请参见附录中的《也谈抽象美》)

　　但是，最值得关注的是音乐艺术，它与"视像"艺术又有所不同。特别是西方高度发达的交响音乐，更称得上是一种纯粹的"抽象"形式，但它也是在历史发展的过程逐步形成的。

　　人所周知，西方音乐史在 18 世纪之前是"声乐"(歌唱) 独霸天下，因此，所谓"音乐"这个概念，在 18 世纪之前并不是指独立的"器乐"(Instrumental music)，而是指有歌词的"声乐"(Vocal music)。当代法国著名的音乐史家保罗·朗多尔米指出："器乐到了 16 世纪才开始获得前所未有的独立地位，它逐渐从单纯作为歌唱伴奏的作用中解放出来，而在这以前，器乐只是声乐的从属。"[①] 直到 17 世纪时，器乐才明确地获得了完全独立的地位。在此之前，器乐只是声乐的从属品 (为声乐伴奏，或演奏声乐作品的改编器)，彼时也没有近代的"歌剧"(Opera)，只有带歌唱的戏剧 (Drama，从欧洲中世纪到文艺复兴时期的戏剧中，大多有歌唱，但两者只是一种折中的拼凑)。18 世纪成为西方音乐史上一个划时代的转折点便是"交响乐"的诞生，于是乐器的音乐成熟了，从而结束了歌唱独霸的历史。交响乐的诞生使"器乐"和"声乐"在音乐史上的地位彻底颠倒过来——过去往往被蔑视为"不完整"的器乐现在反成了"音乐"这一概念的正宗和主要内涵；而过去代表着"音乐"概念的唯一内容的声乐，嗣后又被贬称为"不纯粹"的音乐。交响乐的创始者为 18 世

---

① 朗多尔米 (P. Landormy)：《西方音乐史》，人民音乐出版社 1991 年版，中译本，第 29 页。

纪德国的曼海姆学派和北德学派，属古典派；但器乐的成长成人则是浪漫派，这时已经入了 19 世纪的门限了。音乐艺术成熟了，它终于摆脱了歌词（声乐）的长期束缚而走向独立——即器乐化，并以独立的"器乐"作为纯粹的音乐，来标明自己的成年状态。同时又创造出了"歌剧"这样一种兼容了"戏剧"的音乐而不再以往那种带着音乐（歌唱）的戏剧。这些活生生的历史事实促使人们重新谛视并思考过去绵延了上千年之久的传统音乐观念，这便是西方音乐美学史上出现的一系列"纯音乐"与"非纯音乐"、"绝对音乐"与"标题音乐"、"自律"与"他律"的理论纷争的由来。

音乐（器乐）在实践领域的独立，进一步必然导致了理论的认同，18 世纪末浪漫主义的"狂飙突进"运动的理论指导者赫尔德（J.G.Herder，1744—1803，康德的高足），就已明确无误地说出了："音乐不用语词，仅只通过自己和基于自己，就已经把自己建构成它自己这种艺术了。"①"纯音乐"的概念已然呼之欲出了。

但是，最为明确地论述"纯音乐"理论的任务，当数大名鼎鼎的奥国音乐美学家汉斯立克（E.Hanslick, 1825—1904）。他的名著《论音乐美》初版于 1854 年，其中更是斩钉截铁地说："音乐的原始要素是和谐的声音，它的本质是节奏。……这原料就是能够形成各种旋律、和声和节奏的全部乐音。"②他明确断言音乐（器乐）绝对不存在如其他艺术可能具有的"模拟"自然的活动："画家和诗人看到自然美时便已有收获，作曲家却必须聚精会神，从自己的内心制造出东西来。……从自己的胸中创造出自然界所没有的东西，这种东西因此也不同于其他艺术。"③又说："自然界没有可

---

① 转引自蒋一民：《音乐美学》，人民出版社 1991 年版，第 38 页。
② 汉斯立克：《论音乐的美》，人民音乐出版社 1982 年，中译本，第 35、49、104 页。
③ 汉斯立克：《论音乐的美》，人民音乐出版社 1982 年，中译本，第 35、49、104 页。

做音乐模拟对象的事物。自然界没有奏鸣曲、序曲和回旋曲。"① 音乐（器乐）艺术不需要像其他艺术（如具象性绘画）那样依靠描摹外界物象，也不需要借文学性的语言（歌词）之助来表达某种思想和情感，它依凭的只是一些纯粹由人工制造的纯粹"抽象"的"乐音"来直接表达某种精神性的内容意蕴，这便是汉斯立克所说的"纯音乐"的准确含义。至此，时机成熟了，"自律"的概念也就脱颖而出，成为西方近代高度发达的音乐艺术的美学品性的独特标志。

"自律"（Autonomy）原本是个政治概念，是指民族国家的独立自主的自治权，它被转借到艺术领域，并与"他律"（Heteronomy）相对，是1929 年由奥国维也纳音乐学院的美学教授盖茨（F. M. Gatz）在他编著的《音乐美学的主要流派》一书中首先提出的。自此之后，"自律"与"他律"成为器乐中的"纯音乐"——"无标题音乐"的鲜明标志。于此可知，所谓"纯音乐"（器乐）之具有"自律"的美学品性，是指它丝毫不受其他艺术形式（主要指文学）的制约的独立性；从形态上看，它绝对不含如具象绘画中的"模拟"因素。因此，有人曾指责"自律论"美学是一种反对艺术反映社会生活的"为艺术而艺术"，不要"内容"的"唯美主义"和"形式主义"理论，这完全是一种莫名其妙的讹解。

在音乐领域，把交响乐（器乐）认为具有"自律"性质的"纯音乐"，这似乎很少引起争议；但是，对于西方近代的歌剧——近代声乐的典型形式——西方音乐美学界却引起过多次天翻地覆的大争论。原因很简单，"歌剧"并不像器乐那样"纯粹"，因为歌剧中是排除不掉歌词、戏剧情节（故事），乃至人物形象等一系列模拟因素的，它从外貌上看即为一个不"纯"之物。因此对"歌剧"中的音乐（唱腔）和戏剧两者的关系理解，便成为一个极其复杂难解的美学课题，并成为了音乐美学中的"自律论"

---

① 汉斯立克：《论音乐的美》，人民音乐出版社 1982 年，中译本，第 35、49、104 页。

西方纯抽象艺术

[荷兰] 蒙特里安:《构图》(公元 20 世纪)

和"他律论"两军对垒的主战场。在这片喧嚣的争吵声中，嗓门最大的无疑又是那位"自律论"的主将，"形式主义者"汉斯立克，他斩钉截铁地论断："歌剧首先是音乐，而不是戏剧"。① 充分点明了这场争论的中心内容——"歌剧"究竟应归入音乐还是归入戏剧？歌剧到底是以音乐为主还是以戏剧为主？或两者折衷的拼凑？主张近代歌剧中的音乐成分仍然像以往历史上"带唱的戏剧"（话剧加唱）那样不过是戏剧的附庸，是为剧情服务的，这便是"他律论"的观点，18 世纪的最大代表是法国启蒙运动的领袖之一卢梭（J.J.Rousseau，1712—1778）。他一再强调音乐必须随从语言（诗歌）；他认为如果歌剧中让音乐具有了独立性质（自律），这种歌剧就是坏歌剧。而 18 世纪的德国大音乐家莫扎特则提出与之针锋相对的意见："在一部歌剧里，诗歌必须无条件地成为音乐的顺从女儿。"② 但是，对这一问题论证的更充分的还是 19 世纪的汉斯立克，他指出："人们在歌剧中愈是彻底地保存戏剧的原则，把音乐美的空气抽掉，那歌剧会像抽气机里的鸟儿似的奄奄一息死去。人们必然回到纯粹的话剧上去，这倒会证明一件事，即音乐的原则如果不在歌剧中占有上风的话，歌剧的存在确实将是不可能的。"③ 因为汉斯立克看到了一般流俗头脑所意识不到的一个极重要的美学真谛——"音乐的原则和戏剧的原则必然会相互抵触"。他又举"舞剧"为例："舞蹈（指舞剧——引者注）中的戏剧原则增强时，就会使造型和节奏相应地受到损失。"④ 这说明了，"他律论"企图让音乐为戏剧服务，事实上只是一种不切实际的折中主义空想，实际上会取消"歌剧"；也就是说，歌剧（舞剧亦然）虽然它不像器乐那样里外都纯粹又独立，但其中的音乐因素仍然应具独立性（Autonomy）。因为真正懂行的音

① 汉斯立克：《论音乐的美》，人民音乐出版社 1982 年，中译本，第 44 页。

② 汉斯立克：《论音乐的美》，中译本，第 44 页。

③ 汉斯立克：《论音乐的美》，中译本，第 44 页。

④ 汉斯立克：《论音乐的美》，中译本，第 44 页。

乐欣赏者此时已将其中的人声(唱腔)当作器乐一样看待，撇开了歌词(文学内容)而单独欣赏其音乐（唱腔），从而把歌剧中的剧情（故事）、人物形象、歌唱等反视作次要之物或附庸。近代的音乐耳朵发现，人声之美妙，音色的多样性和丰富性，实不亚于乐器，有过之而无不及。因此，歌剧实际上只是貌似不"纯"，本质上也仍然是一种"纯粹"的"抽象"艺术形式。因此，"抽象美"是历史的客观存在，不存在"肯定"或"否定"的问题。从美学角度来说，音乐艺术实际上正是一种最最纯粹的"抽象"形式。

综合上述，广袤的艺术世界中各种不同的艺术形象（形式）纵然千差万别，但无一例外地均为表征一定的"审美情感(蕴含着思想)"的"外壳"（符号）。在今天看来，"审美情感"又不是人心中主观自生的东西，它产生于一定的社会生活土壤，乃社会物质（经济）生活的审美"反映"（此问题将于下章中进行探讨）。

第五章

艺术（美）是社会物质生活的反映

一　历史唯物主义和美学研究

艺术是人类的一种精神活动的产物，艺术作品是这种审美意识活动的结晶（物化）形态。根据马克思主义的唯物主义的基本原理，这种精神活动不是独立自主又主宰一切的东西，它的产生都有一定的现实根源——存在决定意识；精神派生于物质或反映物质（生活）。因此，我们说艺术总是一定的"生活"（物质、存在）的"反映"，或"现实"的物质生活决定艺术活动和艺术作品的性质。但是，当我们把这个一般性的原则去联系实际，即进一步去具体阐发艺术和生活的实际关系时，却往往产生一些人言言殊的现象，甚至发生许多理论上的分歧和争执。首先，一个最明显的事例，就是对于这个唯物主义"反映"关系中的"生活"（物质）的一方产生一些不同的理解和不同的解释。

长期以来，有一种比较流行（特别是表现在美术理论中）的见解——这种观点把"生活"（物质）的理解为仅仅指外界的一些个别性的事物。举例说，一幅花卉画反映的"现实"，就是指"花"这样一类植物的形貌及其"本质"（或称之为"神"、"神似"等）。甚至，有些专画花卉的画家在家里养了许多花，并公然声称这就是他们的"体验生活"的"客观对象"云云。这样一种流俗见解是很值得商榷的。这样理解艺术活动中的"存在决定意识"或"精神反映物质（现实）"，恐怕并不符合马克思主义的历史唯物主义哲学的"社会存在决定社会意识"的一般原理。

马克思在他的《政治经济学批判·序言》中较为完整地论述了这个

历史唯物主义的"社会存在决定社会意识"的一般原则。这虽为人尽皆知，但这里还是有必要再重复引述一次：

"人们在自己生活的社会生产中发生一定的、必然的、不以他们的意志为转移的关系，即同他们的物质生产力的一定发展阶段相适合的生产关系。这些生产关系的总和构成社会的经济结构，即有法律的和政治的上层建筑竖立其上并有一定的社会意识形式与之相适应的现实基础。物质生活的生产方式制约着整个社会生活、政治生活的精神生活的过程。不是人们的意识决定人们的存在，相反，是人们的社会存在决定人们的意识。"①

这里，马克思说的十分清楚：这个所谓"现实基础"即指"社会存在"，或称"社会的经济结构"等等。可见，我们说"艺术反映现实（生活）"，这里的"现实"，指的是一定的"社会物质生活"的总体；而所谓艺术的"反映"，不过是说它产生于（根源于）一定的社会生活的物质基础之上的一种意识形态。由此看来，过去那种流俗的看法把"现实"简单地理解为艺术作品中所描摹的某些类别的事物的感性相貌（如"花"的外形），以及"认识"、"揭示"（反映）这类现象中的"本质"，这是把马克思主义的哲学唯物主义的基本原理庸俗化了。这正是一种教条的机械（直观）唯物论的美学观点，同马克思主义风马牛不相关。

辩证唯物主义的"反映论"和历史唯物主义的"社会存在决定社会意识"的原则，两者并不矛盾，甚至不妨说两者就是同一个东西，如果说两者有区别的话，就像两个套在一起的大小不同的圆圈——历史唯物主义的原理（社会存在决定社会意识）是包括辩论唯物主义的原理（意识反映物质）之中。因此，在美学和文艺理论问题上，片面地强调前者排斥后者；或只要后者无视前者，都将沦入错误的境地。他们不知道，历

---

① 《马克思恩格斯选集》第2卷，人民出版社1995年版，第32页。

史唯物主义的原则，其中已无条件地包容了哲学唯物主义的"反映论"的基本原则。

但是今天我们还有必要回顾一下曾经出现过的一种所谓"庸俗社会学"的前车之鉴，是很有必要的，有助于我们正确理解历史唯物主义的基本原理。

庸俗社会学根据"一切意识形态都有阶级性"这样一个信条，于是，对任何艺术活动和艺术作品都想当然地给贴上"XX 阶级"的标签；或甚至给作品中的人物形象一概都作阶级归类；更有等而下者，他们把历史上的各种艺术家按其家庭出身或职业来划分阶级，等等不一而足。总之，他们只是草率地对艺术活动或艺术作品作"阶级"定性，然后又简单地"打倒"或吹捧之。这完全是同历史唯物主义的原则和方法背道而驰的。

对这种简单地把艺术作"阶级"归类的做法，苏联早在 20 世纪 20 年代已有人提出过异议。当时有人认为，把意识形态的艺术活动简单化分类——"非此即彼"——纯粹"阶级的"艺术，这并不符合真正的历史唯物主义的原理。他认为应该把意识形态的东西成为某一社会（整体）的"意识形态"。这位作者又指出，列宁就"很少、很不喜欢用'无产阶级文化'这个术语。……而宁肯讲'社会主义文化'"[①]。这是很值得重视的一个见解。

但以上所议又并非否认艺术活动中存在着一定的"阶级性"的因素。这种"阶级性"因素，指的应是文艺作品的内容（精神性的意蕴）中包含的某种思想倾向的阶级性质，我们可以从文艺作品中所表现的某种情绪和思想中去分析出来。但是，即使断定某些作品中存在着某种"阶级

---

① A. 斯列普科夫：《一个读者论文学理论家的札记》，《"拉普"资料汇编》上卷，中国社会科学出版社，中译本，第 252 页。

性"（剥削阶级的）因素，也并不简单地全盘否定某些作者和作品的艺术价值和历史价值甚至思想意义。我们过去经常有一些不良倾向：要么，一提"阶级性"就统统"打倒"；要么就连"阶级性"都不能提——左右摇摆，来去都错。

对于作为一种"上层建筑"的"社会意识形态"的性质，过去还产生过另一种不正确的解释。这也来自苏联，根子又出自斯大林的《马克思主义与语言学问题》一书。大家知道，斯大林在他的这本著作中提出了一些马克思、恩格斯和列宁都没有说过的新观点——他认为"上层建筑"只能对其"经济基础"产生一种单一的"巩固"作用。我们记得，当年斯大林的这个新论点一问世，造成当时（20世纪50年代前期）苏联理论界一片混乱。在文学理论领域，有的人就据此而提出，文学作品中的"批判现实主义"，由于对产生它的社会基础（资本主义社会）具有消极的作用，因此不能算作资本主义社会的上层建筑，有的人甚至认为它应算作未来的社会主义社会的上层建筑。荒唐无稽，于此可见一斑。

本来，马克思、恩格斯对"经济基础"和"上层建筑"的关系的提法是很科学的。他们从来不说太具体的"巩固"和"破坏"等性质，而只是指出两者的"互相作用"的辩证性质。恩格斯说得很明白：

"政治、法、哲学、宗教、文学、艺术等等的发展是以经济发展为基础的。但是，它们又都互相作用并对经济基础发生作用。并非只有经济状况才是原因，才是积极的，而其余一切都不过是消极的结果。这是在归根到底总是得到实现的经济必然性的基础上的互相作用"。①

恩格斯又说：

"一种历史因素一旦被其他的、归根到底是经济的原因造成了，它也

----

① 恩格斯：《致博尔吉乌斯》，《马克思恩格斯选集》第4卷，人民出版社1995年版，第732页。

就起作用，就能够对它的环境，甚至对产生它的原因发生反作用"。①

可见，马克思、恩格斯说经济基础产生（或"决定"）一定的上层建筑；上层建筑又对它的基础具有某种"反作用"的能动性，从历史唯物主义哲学的范围来说，这就足够了。斯大林画蛇添足地去增加一些"巩固"或"破坏"等赘语，使历史唯物主义的基本原则大大降低了科学性。

由此可见，哲学唯物主义的一般原理，应该保持它的较为抽象概括的特性，而不应去规定得很具体；这样，在一些具体的领域，如文学艺术和社会物质生活的关系，在哲学所限定的大范围内（存在决定意识，物质和意识的互相作用）可以留待文艺理论和美学去进一步探索。因为它们具体的意识形态（上层建筑）和经济基础的关系，都应该有各自的具体特殊性质，不能一刀切（用一个抽象的哲学原则去取代一切），强求一律（例如科学和艺术的性质就有较大的差异）。哲学唯物主义只能在一个有限的范围内确定两者的一般关系（共同性），但具体特殊的性质则必须依靠各个门类的具体科学去探索。这样才能避免独断主义（教条主义）哲学的专横武断的理论错误。

由此看来，我们断定（仅仅从哲学的角度）文学艺术是一种"社会意识形态"，它是"社会物质生活"（现实）的"反映"；同时，作为一定的"上层建筑"，它又对它的"经济基础"具有"反作用"的"能动"性质。这些问题，避开了以往教条主义的蛮横专断，都是尚待研究探索的疑难问题。我们应在马克思主义哲学的一般原理指出的方向和道路上进行深入的探索，而不应梦想到经典著作中去寻找现成的答案（恐怕永远也找不到）。因为这些问题更多的是历史问题而不是哲学问题。因此要解决这些问题主要依靠艺术史和艺术理论的实证研究，仅仅依靠哲学的一般原理的推论，

---

① 恩格斯：《致博尔吉乌斯》，《马克思恩格斯选集》第4卷，人民出版社1995年版，第728页。

是绝对解决不了的——对经验事实的确认不能指望用"先验"的推论去获得。这一点，马克思主义经典作家也早已给我们指明了的。

二 "外部（的）规律"辩

艺术和现实（社会生活）的反映关系问题，毫无疑问，这是马克思主义的美学和艺术学研究对象中极其重要的一个方面和内容。但事实上，艺术和现实之间有着某种必然性的联系，早在马克思主义产生之前就已经有人注意到了，马克思主义只是把它提到了一个应有的高度和更为科学的解释罢了（详见后文）。

曾经有的学者在讨论艺术学问题时把这种反映关系称之为"外部规律"，遂引起了一些激烈的争论。但从后来的一些论争文章来看，大都未能触及问题的实质，而只是纠缠在这个名称是否合适的枝节方面。其实，依笔者陋见，这个问题的探讨应集中在以下两个带有实质性的问题上，才具有理论的意义和讨论的价值：——第一，"艺术和现实生活的关系"问题，它在整个艺术学和美学的研究中应处于一个什么样的地位；其次，应深入探讨艺术和现实生活的反映关系问题的许多具体的细节内容（特殊规律）。说实话，这个问题到目前为止还远远没有搞清楚。仅仅笼统又空洞抽象地侈谈"艺术认识（反映）生活本质"等等一般原则，那是解决不了任何问题的。

先谈第一个问题——艺术和现实生活的关系，作为研究对象，它在

中国半抽象艺术

齐白石：《山水轴》（公元 20 世纪）

艺术学和美学的研究中应处于一个什么样的适当的位置?

对于这个问题,笔者原想撰文专论,但一直未能如愿,而只是在探讨其他问题的文章中附带涉及过。笔者以为,如果把"艺术和现实的关系"看作是艺术自身(心理活动)之"外"的一个规律,可以从两个角度来说。第一种涵义,笔者曾在 1982 年发表的一篇文章中提及。这里不妨再把它引述一下:

毫无疑问,根据马克思主义的历史唯物主义的普遍原则——"社会意识反映社会存在"的基本前提,我们当然可以认为"反映生活本质"是文艺的一种基本属性。然而,我们同时也可以说哲学、(社会)科学、道德、政治思想等凡属"社会意识"者也都是对社会生活的本质"反映"。于此看来,"反映社会生活本质",只能说是一切社会意识所共有的本质;而当我们在具体讨论艺术这一社会意识在自身的时候,又怎么能用一般社会意识的本质来取代艺术的本质呢?……就像"水果"的抽象概念不能说明"苹果"这种具体的水果的特殊本质一样;而抽象的"反映生活本质"的概念和命题,实际上也是不能完全地说明艺术作为一种具体的社会意识的特殊本质的。①

笔者认为,历史唯物主义所阐明的"社会存在"和"社会意识"的一般关系,不能等同于艺术和现实的特殊关系;两者虽有一定关系,但绝不能简单地看做同一个东西。如果把历史唯物主义的原则比作一个大的圆圈,那么,艺术活动就像一个小的圆圈,它包括在大圆圈之中。但两者的"外延"不同。从这个角度来说,我们不妨认为历史唯物主义关于存在决定意识的普遍原则所揭示的也正是一种在艺术自身的特殊规律之外的"外部(的)规律"。如果哲学(历史唯物主义)所揭示的普遍规律能简单等同于艺术规律(特殊)的话,那么哲学就也可以代替一切具体科学去阐明

---

① 拙作:《管窥形象思维问题》,《美术史论》(季刊) 1982 年第 1 期。

各种物质运动的具体性了：——哲学就可以代替天文学、物理学、生物学、心理学、历史学，……岂非荒谬绝伦？

第二种涵义，笔者又在另一篇谈论美学的文章①中把艺术比作一棵植物，而把养育着植物生长的外界环境（土壤、空气、阳光等）喻为一定的客观现实（社会生活）。从这个角度来说，所阐明的物质（社会）生活（现实）同艺术活动的关系，不妨认为正是一种"外部"的规律了。这里当然不存在贬低或轻视这种"外部的"规律的意思。"内部"或"外部"等语词，原是日常生活用语，不得已借用于科学时，我们仍只能从修辞的角度去理解它。但即使是日常生活中，也并不等于说"内部"就是颂扬，说"外部"一定就是贬斥。

笔者在上述那篇文章中说："一株活的生命之树，它的生存和繁殖的活动，必须从它的外部取得一定的物质来源——从土壤中得到水分和氮素，从空气里取得二氧化碳，从太阳光里获得能量，以制造构成它的活的躯体的细胞中的氨基酸等物质。艺术的活动也一样，它也需要不断地从外界获得它的能源。客观物质世界是哺乳它生长发育的真正母亲。从这个意义上说，我们的研究工作不能仅仅限局于艺术作品本身的范围。我们的眼界又必须从艺术心理学的领域扩展出去——遂不可避免地阑入于艺术社会学的广阔天地。……这正是马克思主义美学所强调的'社会物质生活'是艺术活动的唯一根源的基本原理。马克思主义美学中的'艺术社会学'的基本原则，就是要去寻找产生这种社会心理活动的真正的物质生活根源——即一定的社会经济形态的客观基础。

谁都知道，植物学研究一种植物，首先必须去研究这棵植物本身的细胞构成，弄清了它的各种物质成分和生理机制之后，才能进一步去探索他和外部环境之间的关系——外界的物质又是怎样进入到植物的躯体内的

---

① 拙作：《艺术美学随想》，《文艺研究》1985 年第 6 期。

使它成长发育的。艺术研究也是一样，首先也必须从审美心理学的角度去研究艺术作品和艺术活动（创作和欣赏）自身的各种心理（审美）因素和成分，以及这些成分及因素之间的结构关系——它的"形式"的特点，它的"内容"的特殊性等等；然后，才能更进一步去找寻它是在怎样一个外界物质生活环境中生长起来的。艺术（心理）活动自身——"内"；艺术和现实（生活）的关系——"外"之别，是一种客观存在的自然事实，而科学工作的区别研究的范围，也绝不是人们的主观好恶的产物；先"内"后"外"，更不包含着遵此贬彼之意，而不过是遵循了事物的客观逻辑所规定的自然程序而已。

三　艺术社会学研究中的难题
——何谓"反映"

　　以上谈论了作为研究对象的"艺术和现实生活的关系"问题在整个艺术学和美学研究领域中的地位——首先，它不是艺术学研究的唯一问题；其次，它的重要性虽不容忽视，但和艺术心理学的研究也可以说是处于并重的地位，而且它又必须在艺术心理学研究取得一定成果的基础上才能去顺利进行研究的。下文将接着探讨"艺术和现实生活的反映关系"的一些具体细节问题。

　　其实，在马克思主义的历史唯物主义产生之前，很早就有人注意到了艺术活动和外部的现实世界有某种联系。但是，首先系统地研究并明确提出这个问题，却一直要到 19 世纪之初。第一部专著是由法国的斯达尔夫人撰写的，她在 1800 年发表了《从文学和社会的关系论文学》，但还只是限于文学。之后，又有一些人从广义的"艺术"（包含文学）范围内探讨了这个问题。其中最值得注意的是丹纳（H. Taine）。他在他的名著《英国文学史》和《艺术哲学》两书中更进一步较全面地涉及文艺和外部环境之间的联系，提出了有名的"种族"、"环境（自然）"、"时代"三大要素的理论。正是在这个历史的地基上，马克思主义的创始人才从一个更为广阔得多的视野内把艺术和现实的关系问题提到了一个崭新的历史高度。

所谓"更广阔的视野"，众所周知，马克思主义的创始人没有仅仅局限在艺术和现实（社会生活）的反映关系这个狭窄的领域，而是广泛地从政治（思想）、法律、道德、宗教、科学，乃至文艺等全部精神领域的活动和社会物质生活之间的普遍关系着眼，这样，马克思主义的创始人着重探讨阐明的只是一般社会意识和社会存在之间的关系的普遍规律（参见前文）。从而，历史唯物主义哲学本身既无必要亦不可能去解决文艺和社会物质生活之间的特殊规律的问题。因此，从这个角度来说，历史唯物主义哲学所阐发的社会存在和社会意识的反映关系的普遍规律，并不等于同时已经解决了作为一种具体的社会意识形态的文艺反映现实生活的特殊规律，正像哲学不可能解决物理学或生物学的具体问题一样。这应是不喻而自明之事。

马克思主义经典作家有没有进一步解决对于艺术和现实的反映关系的特殊规律的认识呢？我们大家对这个问题的认识，恐怕迄今还是很不"完整"的。如果我们大家都一致地对文艺和现实生活的反映关系的认识已经达到了"终极真理"的地步，也就不至于还产生一些争论了。因此，今后我们还需深入地研究探讨这个问题，也就不是无事生非的庸人自扰了。

恩格斯早在一百多年前就语重心长地指出过："对德国的许多青年著

作家来说，'唯物主义的'这个词大体上只是一个套语，他们把这个套语当作标签贴到各种事物上去，再不作进一步的研究，就是说，他们一把这个标签贴上去，就以为问题已经解决了。……他们只是用历史唯物主义的套语（一切都可能变成套语）来把自己的相当贫乏的历史知识（经济史还处在襁褓之中呢!）尽速构成体系，于是就自以为非常了不起了。①"这些话是对当时以及后来一切教条主义的"马克思主义"多么绝妙的写照呵!

恩格斯还说过："即使只是在一个单独的历史实例上发展唯物主义的观点，也是一项要求多年冷静钻研的科学工作，因为很明显，在这里只说空话是无济于事的，只有靠大量的、批判地审查过的、充分地掌握了的历史资料，才能解决这样的任务"②。但是，教条主义的"马克思主义"总是和马克思主义的基本原理背道而驰，他们不但懒于去掌握大量的历史资料，更不愿做"多年冷静钻研的科学工作"，却又急于求成，梦想"尽速构成（完整的理论）体系"。于是，唯一的捷径就只能祈求历史唯物主义哲学代替各种具体科学去"说明一切"问题，而结果什么也说明不了，落了个"四大皆空"。

由此而言，我们如果能够较正确地理解并掌握了历史唯物主义的一般原则，对于研究艺术社会学的问题来说，还只能说是刚刚获得一个起点，漫长而艰辛的路程还等待着我们去朝着这个方向跋涉——在这个领域，还有大量未知的东西在等待我们去进一步探索。

在自然科学领域，人们从不讳言自己的知识的限阈——什么是目前已经知道的，什么是尚未知晓的；而奇怪的是，在社会科学领域，人们却往往不愿坦率地承认自己（非指个人）的无知的方面。好像承认了知识限

---

① 恩格斯：《致康·施米特》，《马克思恩格斯选集》第4卷，人民出版社1995年版，第691—692页。

② 恩格斯：《卡尔·马克思〈政治经济学批判。第一分册〉》，《马克思恩格斯选集》第2卷，人民出版社1995年版，第39页。

阈是一种丢脸的事情，这就太奇怪了。"承认无知就是智慧的开始。"——好像这是牛顿的名言。而我们的孔老夫子不也说过："知之为知之，不知为不知，是知也。"对于艺术社会学的问题，说实话，我们迄今所知甚少，而且在进一步研究的道路上也是困难重重，绝不能掉以轻心。

本章一开始就提到了那种错误的流俗见解——即把历史唯物主义揭示的"社会存在"概念作庸俗化的理解。这种流俗见解在美学和文艺学领域迄今仍有不可忽视的影响。因此，重视这个问题就有极大的紧迫性，但同时又必须承认，要弄清这个问题又有极其巨大的困难。

依此说来，我们要去研究某一种艺术活动的现象（流派）或一具体的艺术作品中所由产生的"社会存在"的"基础"时，也必须从一个宏观的角度，亦即一个大的历史时代、民族、国家等的**社会形态**的范围内去把握。举例说，我们研究《红楼梦》所"反映"的"社会生活"——即所产生的一定社会生活的历史根源，不仅要着眼于清代这个封建社会的末期的各种政治、经济状况，同时又不可避免地联系到**整个**中国封建社会形态的独特属性的问题（这岂非巨大的困难）。一般来说，《红楼梦》中蕴含着某种民主性的思想情愫——这一点，目前已为大多数人所认可。但如果进一步去联系这种思想所产生的一种社会历史根源，就不免会产生许多疑虑和争议。例如涉及到"民主"思想和中国封建社会中的"资本主义萌芽"问题时，就存在着许多学术观点的分歧：——"民主"思想和"资本主义萌芽"有否必然性的联系？即使我们能断定《红楼梦》中的"民主"思想就是"资本主义萌芽"的反映，这种中国封建社会中"资本主义萌芽"的具体历史性质，从社会经济史的角度来看，今天也还远远没有研究清楚。而这些问题，又不是一般的研究艺术理论或艺术历史的人所能解决得了的；研究艺术的人又不得不期待研究社会经济史的人能间接提供成果。从这点来看，艺术社会学问题研究之最大难题，正是由于研究艺术史的人不可能同时又去研究社会经济史——一个人如何可能有如此超人的精力和才能呢？这一

西方半抽象艺术

[西班牙] 毕加索:《镜前少女》(公元 20 世纪)

点，笔者是深有体会的，因为笔者在研讨中国古代绘画史的过程中曾深深地被这个问题所苦。例如，所谓"文人画"的问题，"文人画"中所表露的比较独特的情绪和思想质素，如果我们不去联系一定的社会物质生活的现实根源（反映），确实是极难解释清楚的。而要较正确地把握住中国的封建社会形态的特殊性质，对笔者来说实在是太困难的事情了。

其次，必须进一步探讨艺术和现实之间的所谓**"反映"**的美学关系，这也是一个具有极其深邃的内容的大问题。过去有一些简单化（教条化）的理论见解曾给我们艺术研究工作造成了大量思想理论的混乱，这是不能不着重指出的。

一个较普遍的流俗见解是把"反映"同艺术家的"创作"活动简单地等同起来，认为艺术家一创造出作品，就完成了这个"反映"的大业。这也正是那种把艺术创作活动简单地说成"形象"形式的"认识"活动的美学根源（参见前文）。必须强调指出，如果我们对决定艺术活动的"社会存在"（现实、物质）的真性质有了一个较正确的认识，那么，才有可能把艺术和现实之间的**"反映"**关系看做是一种相当复杂的、层次颇多的**宏观社会运动**。

实际的事实和情况也许应该是这样的：艺术的"创作"和"欣赏"——艺术家和观众之间的**社会交往活动**（Social intercourse）构成了一个普遍性的**社会（审美）心理**（社会意识）。仅仅由艺术家**生产**（创作）出一件艺术品时，还不能算是"社会意识"；而只有当艺术品为艺术观众**接受**和**消费**（欣赏）时，才具有了真正的"社会意识形态"的性质。而所谓**"反映"**，则应指这种社会心理潮流（社会意识形态）和所由产生的一定**社会物质生活**之间的一种**宏观**的关系。

最后一个问题，我们常说马克思主义的哲学唯物主义是一种"**能动的反映论**"，但何谓"能动"？如何"能动"？也一直缺乏认真的探讨。具体到文艺领域，这个所谓"能动"性，更是人云亦云，不甚了了。（有的

教科书或文章中仅仅把这种"能动"的内容归结为"艺术概括",显然是失之简单化了)

依笔者陋见,过去我们往往有意无意地把"社会存在决定社会意识"(社会意识反映社会存在)和社会意识对社会存在的"反作用"性能两者机械地割裂开来理解,从而又把它们看做互不相干的两回事。因此,当探讨"艺术和现实的反映关系"时,完全把"反作用"的因素排除出去,然后把它又另立一个独立的范畴,谓之艺术的"社会作用(功能)"。其实,所谓"**反映**"的概念,恐怕其中应**无条件**地包含着"**反作用**"(社会功能)的因素和性能,这样才能算是名副其实的"**能动的反映论**"。反之,也许只能算作"机械反映论"了。

艺术的"社会功用"问题,长期以来更是聚讼纷纭,莫衷一是。我们目前还通行的说法把"社会功用"一分为三:——"认识"、"教育"、"审美(娱乐)",这种理论亦创自苏联早期的一些文艺理论家。但到了20世纪六七十年代,他们又觉得不仅仅只有这样"三"种,于是有逐步加到了四种、五种、九种,直到1974年时,斯托洛维奇把它增加到了十四种,其中也基本保留了原来的三种(当然,还不是不可以再增加)。这样的做法,苏联当代的一位学者卡冈不无讥嘲地指出:"美学所提出的每种艺术功能对于艺术来说原来是……非特有的!这是一件怪事,但每一次都把**另外某种活动形式**的功用说成是艺术的功用:如果艺术的功用被确定为认识的——那是把科学的功用说成是艺术的功用;……如果把艺术看做一种教育个性的手段——那是把教育学的功用说成是艺术的功用。在这方面,无论如何不能令人信服地解释,艺术究竟为什么要作为另外某种人类活动形式的代替物,在这种情况下又怎样能够从理论上论证艺术的主权性,即美学总是直觉地感到的艺术的那些性质。"① 这是说得很对的,艺术活动中确

---

① 卡冈:《美学和系统方法》,中国文联出版公司中译本,第162页。

实存在着上述种种不同"功用"的现象（仅是"**现象**"而已），我们在研究工作中也有必要加以细致的分析——从"反映"活动中分析出"功用"的因素；在"功用"中又去更细致地分解出种种不同性质的子功能。但问题有在于：在分解开之后，又必须再给他们综合起来。因为这种种因素之间的关系，本来是"活"的，不是互不相干甚至敌对的。但当我们把他们一一"解剖"开，就成了"死"的东西了。我们的研究工作如果滞留于此，就成了一种所谓"原子主义"的机械论美学。苏联当代另一位著名的文艺学家赫拉普钦科也有一些很中肯的意见："在我看来，目前已到了历史职能的研究……我们现在需要建立具有现代科学形态的职能诗学即系统地阐明各种艺术因素、艺术手段的功能、机制及其互相作用的科学。这有点像解剖学与生理学之间的区别。解剖学尽管可以直观地展示人体内部器官的构造，却不能揭示它们是怎样工作，怎样发挥自己的职能的，而这是生理学的任务。如果粗俗地打比方，可以说我们希望建立的诗学相当于**文学的生理学**，它能够科学地阐明和揭示文学的现实和潜在的全部功能。这项任务当然是十分艰巨的，但它的前景也是非常引人入胜的"。[①]（着重点为引者加）

不妨可以认为，艺术活动的"**社会功用**"问题，在艺术社会学研究中是一个举足轻重的关键性"细胞"。西方近年来兴起的一种所谓"接受美学"，把注意力侧重于艺术品的接受者（读者或观众）的普遍性的审美心理现象，这也正是对社会审美心理的一种（一个方面）的研究，但我们不仅要研究艺术观众的审美心理；同时也应重视艺术创作者的审美意识，以及呈现在艺术作品中的结晶化了的**社会审美心理**的**总体**（潮流）。从这样的门径入手，也许才有可能去弄清艺术"社会功能"的真正的美学性质；从而才能进一步窥测到这种"反作用"于其社会物质生活基础的"意识形

---

① 引自刘宁：《当代苏联文艺学发展趋势》，《文艺研究》1987 年第 1 期。

态"的"**能动地反映**"的真性质。

总括言之，"美"和艺术，决不是一种同科学（包括哲学）一样对外界"美的事物"的"认识"。"美"和艺术居于"第二性"的精神范畴，其"内容"为"审美情感"（蕴涵着一定的理性思维内核）；而"形式"则是可感觉的"形象"（符号）。但最终说来，"美"和艺术又是客观存在的社会经济物质生活的"反映"（物质第一性）。恐怕这才是马克思主义美学最根本的原则。

附　录

一 艺术本质之谜

（一）一个根本原则的分歧

王宏建同志在其《浅谈艺术的本质》①一文中，提出的一些基本文艺理论的观点颇值得商榷。其中一个最根本性的观点是艺术和科学（及哲学）的差别只在**形式**的不同（一以"形象"一以"逻辑"），而两者的内容则是相同的——同样都是对客观世界的认识。据此，他认为艺术和科学没有本质的区别。**艺术和科学**（及哲学）的**异同**问题，这就是我们要讨论的一个最根本的原则问题。

虽然王宏建的《浅谈艺术的本质》一文中也说过如下的话："艺术毕竟与哲学和宗教有着本质的不同"，以及"方式和内容的不同"。但他只是抽象地从口头上承认艺术和哲学、科学有"本质"和"内容"的不同；实质上，他所论证和说明的却是两者并无区别。关于这一点，只要举出他在论述艺术的"真实性"和"典型性"问题时的一些说法就能充分证明。例如该文中说："艺术的认识或反映世界，就其主观性而言，一方面是对世界现象的感性的认识，另一方面又是对世界本质的、经过悟性而达到理性的认识，是两者的统一。在整个艺术认识过程中，这两者始终是不可缺少的，若无前者，就失去了具体的形象（哲学的认识到最后就要扬弃前者）；若无后者，就失去了认识的真理性（宗教的认识就缺少后者），后者始终

---

① 《美术》1981 年第 5 期。

是在前者的基础上进行综合、概括、集中、提高的。这种艺术的认识世界的方式就是典型的认识方式。"① 从上述这段引文中可以清楚看到，他认为艺术同哲学、科学只是"方式"或"形式"的区别（一以形象一以概念），而其"内容"则是一样的，都不过是"认识"或"反映"了同一个"世界"的"本质"。这样，也就等于否定了他自己说过两者有"本质的不同"的观点。事实上，他的那些说法（所谓"本质不同"，）只是用来淆人耳目的，这种做法叫做"抽象肯定，具体否认"。

　　但是，上述这种观点，也并不是王宏建同志的发明创造，寻根溯源，这些东西都抄自我们过去翻译、介绍过来的一些苏联的文艺理论著作。这里不妨列举几本苏联"专家"的著作中的原话。1. 斯卡尔仁斯卡娅的《马克思列宁主义美学原理》中说："科学和艺术的相互联系的客观基础，是它们有同一的认识对象——物质现实，它们是统一的认识过程的两种**不同形式**。""科学同艺术的差别决不在**内容**，而只在于处理的**方式**"②（着重点为引者所加）2. 毕达可夫的《文艺学引论》中说："列宁的反映论，即有关人类认识的本质和规律的学说，是科学地解答了这个问题的根据。这个理论，提供了正确地理解和揭露通过文学或一般艺术认识现实的过程的科学标准。……例如恩格斯论到现实主义作家巴尔扎克的作品时说：'甚至在经济的细节上……我所学到的东西也比当时所有专门历史学家、经济学家和统计学家底全部著作合拢起来所学到的还多'。所以，从恩格斯这段话看来，**文学的认识意义是和科学的认识意义相等的**"③（着重点为引者所加）。

　　可见，他们异口同声说：文艺同科学（及哲学）只是认识的"形式"

---

① 《美术》1981 年第 5 期。

② 《马克思列宁主义美学》，中国人民大学出版社 1958 年版。

③ 《文艺学引论》，高等教育出版社 1958 年版。

或"方式"的差别，而"内容"则是完全"**相等**"的。

这个理论的根本错误在于：它把马克思主义的一般哲学原则去**取代和冒充**文艺的具体特殊规律。这种东西，哲学上称之为"独断主义"（Dog-matism，或译"教条主义"）。其结果，不仅取消了文艺的特殊规律，又歪曲了马克思主义的哲学唯物主义，把它蜕变为一种形而上学的唯心主义。

细察这种错误理论，根源在于他们头脑中一系列的逻辑混乱。

第一个概念混淆：——把哲学反映论中的一般"反映"概念混同于具体的哲学、科学"反映"（认识）现实的概念。这两个既有相同之点又有不同之处的"反映"概念，的确是很容易混淆的，再加上那些苏联学者的哲学素养太差，以致这种概念混乱泛滥成灾，使这些文艺理论问题混乱了几十年之久，至今难以纠正。

马克思主义哲学反映论中所用的"反映"（认识）的概念，是一个高度抽象概括的**哲学**概念。它的外延极宽，包括一切领域的"意识"和"物质"的唯物主义关系；而它的内涵因此很窄，只是指明了一切意识（精神）均**来源**于物质（存在）这样一点。但是，作为一种具体的意识形态的科学（包括哲学）之"反映"客观世界，这个"反映"概念的外延及内涵均与上一个"反映"概念不同，外延的范围仅指科学这种具体的意识形态，因此就较小，而内涵却丰富具体得多。打个比喻说，"水果"概念和"苹果"概念的关系，两者既**同一**又**不同**。我们可以说："苹果是一种水果"，但却不能说："水果就是苹果"。哲学反映论所阐明的一切物质同意识的"反映"（抽象普遍）概念，同科学、哲学之"反映"（具体特殊）世界的关系，就像"水果"（普遍）同"苹果"（特殊）的关系一样，我们决不能把"苹果"混同于"水果"概念，同样我们也不能把科学、哲学的"反映"活动去混同于哲学反映论中的"反映"概念。那些苏联"学者"的逻辑错误正是如此：第一步，先把那个**抽象普遍**的"反映"概念混同于科学、哲学的**具体特殊**的"反映"概念；第二步，就必然把艺术的"反映"现实的概念混同于科学、哲学的"反映"。于是他们只能看到两者仅有形式的不同,而内容则是完全"相等"的了。如果按照这个逻辑,我们就可以认为:"人是动物","狗也是动物",既然都是"动物",那末,"人"就可以"相等"于"狗"。岂不荒谬绝伦!

不错,从马克思主义哲学"反映论"来说,艺术和科学是有某种共同之点——即**意识来源**于物质,这些不同的意识形态中的内容都是有外界客观存在的物质**根源性**的(背离了这一点,就不是唯物主义):但这绝不等于可以否认这些具体的意识形态都具有自身的**特殊规律**(否认这点,就是形而上学)——不仅"反映"的**形式**及**方式**有所不同,所"反映"的内容亦有所区别。

艺术之"反映"现实,具有不同于科学、哲学之"反映"世界的特殊规律,关键在于其"反映"的内容有所不同。这就是我们同那些苏联的教条主义文艺理论的根本分歧。

(二)艺术的审美"反映"的具体内容

洪毅然同志的《艺术三题议》一文[①],其中对这种混淆艺术同科学的本质区别的观点曾作了驳斥。事实上,王宏建同志提出的:"**艺术的本质特征就在于它的真实性、形象性、典型性**"(见于《浅谈艺术的本质》一文,着重点原有)。这三个"性"都不能说明艺术的本质特征。洪毅然同志的文章中亦对这三条逐个加以批驳。首先,对于所谓"形象性",他说:"把艺术有别于科学的特点,仅仅归结于它反映现实生活的'形象性'……仍不免似是而非。因为科学插图、标本、模型等,都不缺乏'形象性',都是形象的反映,却都并不是'艺术'嘛。可见只要求具有'形象性',还是仍然未能划清'艺术,与'科学'之间的界限"。然后,他又进一步谈到"典型性"与"真实性"问题:"无论'典型'的发现和塑造(所谓一

---

① 载于《美术》1980 年第 12 期。

般与个别的统一），毕竟仍只属于人对现实生活之认识范畴的事，尚未涉及艺术之所以为'艺术'的生命线——人对现实生活的'审美感受'。""如果不包含着重审美的一种对事物形象之美丑评价的内容，那就不管多么'典型化'，也还不能满足艺术的美的享受，……不可能产生真正的艺术效果"（均见于《艺术三题议》一文）。这里，洪毅然同志十分尖锐又正确地指出了：艺术的**内容**必须具有一种与科学不同的"**审美**"的本质，而科学内容也就是对事物的认识（真实性），不应把它误认作艺术的内容。但是，艺术的这种"审美"的具体内容又是什么呢？洪毅然同志却到此而止步，没有更进一步的阐说。

其实，洪毅然同志也已经涉及这个实质性的问题——不过话只说了半句："审美的——即对事物形象之美丑评价的内容"。说穿了，这个所谓"美丑评价的内容"，即**艺术情感**或**审美情感**。

前文谈及，根据那些前苏联的文艺理论家的曲解，恩格斯"认为艺术同科学的'认识意义'是完全'相等'的。既然艺术具有同科学一模一样的"认识"性质和作用，自然不容"情感"有立足之地了。然而，我们仔细琢磨恩格斯议论巴尔扎克的那段话的本意，并非要指明艺术和科学具有"相等"意义的"认识"，性能，那只是毕达可夫之流的主观臆测。恩格斯只是说他从巴尔扎克的小说中找到了可供科学研究的历史材料，那些苏联学者竟生拉硬扯地附会成艺术"等同"于科学。其实，恩格斯在另一著作中早已指出艺术同科学有本质的区别，而且还明确指出—以"情感"一以、"认识"："经济科学的任务在于：证明现在开始显露出来的社会弊病是现存生产方式的必然结果，……愤怒出诗人，愤怒在描写这些弊病或者在抨击那些替统治阶级否认或美化这些弊病的和谐派的时候，是完全恰当的，可是愤怒一用到上面这种场合，它所能**证明**的东西是多么的少"[①]（着

---

①　恩格斯：《反杜林论》第二编，人民出版社 1970 年版，第 147 页。

重点原有）。

这里，恩格斯说得十分清楚，经济科学的内容是"证明"，而诗歌（文艺）的内容是"愤怒"（一以"认识"一以"情感"），两者的根本性质是决不能相互取代的。关于文艺的这种**情感**内容，列宁也说过："（托尔斯泰）用卓越的力量去表达被现代制度所压迫的广大群众的**情绪**，描绘他们的境况，表现他们自发的反抗和**愤怒的情感**"[1]（着重点为引者所加）。

但是，我们过去对艺术中的"情感"因素常萌畏惧之心的主要根源是对它的心理实质缺乏正确理解。因为有一种流俗的误解认为："情感"是同"理智"绝对对立之物，两者水火不能相容。因此准要强调一下艺术中的"情感"内容，往往容易被人目为不要"理性"，反对"认识"作用，等等。故而，这里首先要弄清楚"情感"同"认识"（理性）的正确关系。

在现实生活中，一定的情感和情绪也总是特定的理性思维（认识）的副产品。我们面对某些事物而引动情感，决不能说和理解（认识）这些事物的理性思想无关。同样，艺术形象之所以能使人引起所谓"美感"的情绪激动，首要的前提也是其中所包含的某种意义能为人所感受并理会。但是，光认识事物的"本质"还不可能引起情感，还要看它所认识的是什么事物。一张人体生理解剖图的"形象"虽然也包含着某种理性认识的内容，但绝引不起"美"艺术情感，原因就在于这种理性内容是一种自然科学知识。首先，**情感**总是具有一定的**社会生活**意义的内容；同时，更重要的是，除了理性认识之外，还必须包含了对它的某种**社会实践**的态度，亦即**肯定**或**否定**的判断——即根据一定的是与非、好或恶的观念，才能产生一定的爱和恨、喜或愁等等情感的反应。可见，这种艺术情感的心理实质，总是人们切身经历的当代社会物质生活实践的理性反映。是非善恶的观念总是从各种不同社会立场出发的理性判断和认识，因此在一定历史条件下

---

[1]　列宁：《列·尼·托尔斯泰》。

又是包括着具体的阶级性的。总之，情感产生于理性认识的基础之上，正像植物生长于土壤一样。从这点来说，我们强调艺术的"情感"内容，决不等于排斥其中的"认识"因素。

对于艺术的情感特点，搞创作的同志是最有发言权的。这里不妨援引一下《父亲》这幅得奖的绘画作品的作者罗中立同志介绍的创作经验，就远比笔者以上那些枯燥乏味的抽象议论更有说服力。

罗中立同志给《美术月刊》的一封公开信（见《美术月刊》1981年第2期），其中娓娓细述了这幅作品的创作过程。作者从一开始如何被现实生活中的一些现象所触发，谈到如何产生了创作的冲动：——活生生的实际现实使作者"心里一阵猛烈的震动，同情、怜悯、感慨……一起狂乱地向我袭来"。于是他猛然省悟："我要为他们喊叫。"为谁喊叫？为人民！为千千万万创造历史的劳动人民"喊叫"。正是这种思想激动并孕育了这幅使人为之颤栗的绘画作品。这其间，"情感"正是扮演了最主要的角色，没有情感，就产生不了这样的艺术作品。然而，在这个心理活动的全过程中，作者的理性认识也在起着重大的作用，它站在作者**背后**暗暗指引着他的艺术思绪和艺术情愫。没有理性的思维活动，作者就不会想得那么明确具体，又那么深沉和真挚：——"父亲——这就是生我、养我的父亲，每个站在这样一位如此淳厚、善良、辛苦的父亲面前，谁又能无动于衷呢？"罗中立同志又提到有的观众给他来信，说这幅作品"叫他们流泪"。那不正是情感活动的鲜明标志吗？因此作者又进一步从美学上认识到："我觉得作品应有人民性，作品**应和多数观众起到一种感情上的交流和共鸣作用**（着重点为引者所加）。艺术中要没有"情感"内容，就不是艺术；人没有情感，那又是什么呢？那些忌讳"情感"的人，真难以理解，难道他们是从另一个星球上掉下来的么？

（原载于《美术》1982年第7期）

二 论程式化
——中国画的美学天性

谈论中国画的美学性质而不提它的"程式化"的特点，就像一句西方谚语所说的那样：演《汉姆莱特》戏而其中却没有主角汉姆莱特。但是，笔者也是很晚才悟到这一点的。换句话说，笔者对中国画中的"程式"和"程式化"现象的充分重视，是在对"程式化"的美学本质有了进一步的认识之后，才发现它的举足轻重的美学地位的；反之，如果对"程式"和"程式化"概念缺乏正确认识和充分重视的话，往往会孳生一些糊涂观念。近一个世纪以来，出现过各种各样的贬低或否定中国绘画（甚至全部中国艺术）的论调和见解，从理论认识的角度来说，关键问题恐怕即在于此。本文拟分以下三个部分来进行探讨：(1)"程式化"概念的由来；(2)"程式化"现象的"发生"过程（历史）；(3)"程式化"的美学本质。

(一)"程式化"概念的来由

"程式化"的美学特点，也许是中国传统艺术所共有的一种普遍性，特别是中国的戏曲艺术，其"程式化"面貌较之绘画更为鲜明突出。可能正因此缘故，"程式"概念首先出现于戏曲艺术的理论领域，而最早应用"程式化"一词是在"五四"时期一场有关戏曲的大争论之中。如赵太侔在《国剧》一文中说：

"旧剧（即指传统戏曲，相对于当时所谓的"新剧"即话剧而言——引者注）中还有一个特点，是程式化（Conventionalize）。挥鞭如乘马，推敲似有门，叠椅为山，方布作车，四个兵可代一支人马。"①

　　当今一些研究戏曲理论卓有成效的学者，基本上接承并肯定了"五四"时期某些学者对"程式"概念的正确应用，并进一步界定其涵义，如黄克保先生在《中国戏曲通论》中说："根据通常的习惯，程式化指的是戏曲艺术形式的总体构成，表演程式则是特指运用歌舞手段反映生活的表演技术格式，无论从哪一种意义上说，它同一般意义上的模式、公式乃至刻板化、僵化等都不是同一概念，因而是不能混同的。"②同时，他又强调指出："（程式化）是用来说明戏曲的演剧方法的个性特征，并用来同写实主义话剧的演剧方法相对照的。程式化的对面是生活化。用戏曲的程式化对照于写实主义话剧的生活化，就把两种不同的演剧方法区别了开来。"③这里，特别值得注意的是他们指出"程式化"和"程式"概念绝对不能混同于那些固定"模式"、刻板"公式"、僵化"图式"之类所谓"类型化"（缺乏"个性化"）的艺术形式（但遗憾的是，至今仍有不少人弄不清两者的界限），换句话说，"程式化"概念不含贬义。这不能不认为是戏曲理论研究工作中的一个重大成果。

　　相较之下，对中国传统绘画的美学研究就不免显得有点落后了。虽然早在"五四"时期已有人明确指出过："中国的戏剧，是完完全全和国画、雕刻以及书法相比拟着。简单一点谈，中国全部的艺术，可以用下面的几个字形容——它是写意的、非模拟的、形而外的、动力的和有节奏的……"④然而，自"五四"时期迄今，对传统绘画的美学争论虽也有过多次高潮迭起，也一直不断有人反对那些全盘否定中国画的错误见解，但令人奇怪的是，对中国画的"程式化"特点的研究探讨却寥寥无几，更不

---

① 余上沅编：《国剧运动》，新月书店1927年版。
② 张庚、郭汉城主编：《中国戏曲通论》第七章，上海文艺出版社1989年版，第407页。
③ 张庚、郭汉城主编：《中国戏曲通论》第七章，上海文艺出版社1989年版，第406页。
④ 张庚、郭汉城主编：《中国戏曲通论》第七章，上海文艺出版社1989年版，第406页。

用说像那些研究戏曲理论的学者那样敢于把中国画的"程式化"特点称作"艺术形式的总体构成"了。本文的主旨，也就是试图阐明这样一点："程式化"亦应是中国绘画艺术形式的"总体构成"，以区别于西方的"写实派"（Realism）的艺术形式体系。"程式化"的形式不同于西方人以"明暗造型法"（Chiaroscuro）构成的"生活化"的绘画形式。"程式化"的艺术形式是"非写实"的形式，但它同西方的"写实"画法（生活化的形式）是两种并行不悖的艺术形式，两者绝无高下优劣之分。从中国绘画形式的总体构成的角度而言，"程式化"概念绝非贬词。

（二）中国画中的"程式"的"发生"过程

对"程式"和"程式化"概念的理解，在以往的文章和著作中曾出现过两种不同性质的偏误：其一，是把"程式"概念的"外延"无限扩大——他们认为"程式化"不仅贯穿了中国传统绘画的历史发展的全过程，甚至扩大到原始艺术（有的学者把原始绘画中的"图式化"〔Schematic〕特征也往往误认为"程式化"）。其实，中国绘画史上出现的"程式化"特征，产生于中国绘画史的后期，准确说，是从唐宋以降才逐渐萌生成长的历史产物（详见后文）。不懂得或不承认"程式"因素也是从无到有的生长发展的历史产物，首先是因为缺乏马克思主义的历史观点以及对中国绘画历史缺乏深入研究所致。其二，还有人完全不理解"程式"的美学本质，他们不但不承认"程式化"的艺术形式是"非写实的"，而且不承认它同"写实"形式是水火不相容的对立物。他们错误地认为中国绘画中"程式化"描写方法也是同西方人的"明暗造型法"（Chiaroscuro）相类似的一种"写实"手段。例如，曾有人撰文大谈山水画中的"皴法"，是画家为了想忠实地模拟外界物象的真实外貌而发明的，但严格来说，这个早期历史阶段（唐宋之际）的"皴法"还不能算是真正的"程式"。"程式"之真正产生成长是在中国绘画史的后期（宋至清）。弄不清楚这一点的主要原因也仍是缺乏历史观点和历史知识，不懂得"程式"原是一种历史演化的产物（详后）。

［清］王翚:《秋山萧寺园》（局部）

迄今为止，"程式化"概念仍是一个未能为更多人熟悉并承认（约定俗成）的学术名称，这也不足为怪，因为它迄今未经更多人的注意和重视，以及允分的研究探讨；它的内涵和外延也尚未得到准确的界定；因此，对之"顾名思义"的流俗误解，今后恐怕也仍会时时发生。又正因"程式"一词原本来自日常用语，涵义通常是指一定规则、格式、法则等，这类泛义也可以指称一切艺术创造活动的普遍特点——广义地说，"写实"的绘画也仍有一定的"程式"。但我们这里的应用却是狭义的——仅指中国的绘画及戏曲等在一定的历史时期和阶段内出现的一种独特的艺术技巧和方法所构成的形式。这才能赋予"程式"这个概念更多的科学性，把一个日常生活用语提升为一个特定的学术专用名词。

依据"发生学"（Genetics）的观点，历史事物的产生，都是一个从无到有，而且是一种逐渐演化生成的历史过程。中国传统绘画中的"程式"因素，也是在历史演变中逐步生成的。而在中国画中的"程式"形态表现得最鲜明突出的是山水画，尤其是山水画中的所谓"皴法"更具有典型性。因此，这里为了论述方便，就把山水画作为主要的例证，并结合着这个例证来进行探讨。

概略说，从唐五代到宋初，是山水画中的"皴法"萌芽和创生的阶段。唐以前的绘画实物今已稀见，我们现在也只能在一些古摹本中略窥一二。如传为东晋顾恺之的一些作品（古摹本）中，作为人物背景的山石树木的描绘，尚见不到"皴法"的踪影，这些绘画中也都是单纯地勾了外轮廓线之后，在中间平涂以彩色。这种情况，到了唐代的绘画中便发生了一个关键性的变化，那就是"皴法"的萌生。现存的一些寥若晨星的唐代山水画中，首次出现了"皴法"的雏形——即在某些山石树木的物象上画上一些不太规则的线条来表现它们的纹理现象——取代了原来平涂的彩色。在这个基础之上，五代宋初的一些画家又大大跨进了一步，把前人的不太规则的线条——"原始皴法"加以条理化和规范化，遂形成了当时有代表性的几种不同的"皴法"——如董源创造的所谓"披麻皴"，以参差平直的线条描摹江南地区的圆浑秀纯的土山，而范宽的所谓"雨点皴"则用来摹写北方山景的自然特征，故以短促峻峭的线条和点子；另外一种有代表性的皴法创自李成到郭熙，他们用侧笔作波状线条，描画的平坡丘陵又是中原一带的地貌特色。由此看来，从五代至北宋时期的山水画中的"皴法"，它的美学性能基本上也仍是"摹仿"性的，因此严格说还不能称之为一种纯粹性质的"程式"，但是，历宋而至元，"皴法"又缓慢地进行着一种质变的过程，那就是从"摹仿"性逐渐演变为非"摹仿"性的历史过程——原来为了描摹山石树木的纹理（质感）的性能被逐步淡化了；原来就不太明确的、微弱的光影现象（所谓"石分三面"），更被漠视了；于是，"皴法"的"非模拟"的性质加强了，逐渐向"程式"转化。因此，宋元时期的"皴法"不妨可以说是"程式"发生过程中的一个重要的过渡性、中间性的历史阶段。这个过渡性的阶段，又孕育了明清时期山水画中的"皴法"的彻底的"程式化"。如果说，宋元时期的"皴法"还没彻底地"程式化"，也就是说，"皴法"还多多少少保存着一些"模拟"（写实）性质，还没有同物象的固有物象的固有特征完全决裂；那么，明清绘画中的"皴法"就完全排除了"模拟"性，成为一种完完全全的艺术"程式"了。但这个转变也并非一蹴而就，它也同样是一个漫长的、经过无数微小的渐变过程，始于明初的文征明、沈周等人的所谓"吴门派"，完成于明末清初的董其昌、石涛和八大山人等。

再从画树叶的笔法来看，早在唐画中亦已产生了"介字点"等多种形式的雏形，到五代北宋初期，画树叶的"点"法大致已具备。自然界有些树的树叶的固有特征较鲜明，如松、柳之类，因此"摹仿"的性能比较彰显；但有些树的形貌的个性特征不那么鲜明，共性大于个性，像"介字点"那样的形式就很难说它是具体描摹什么树种，它对槐、榆、椿等都可代表。还有一些画树叶的笔法更为抽象，如勾画一堆三角形，或一些圆圈的标志来表现其大致形状，就更难看出它是在模拟什么具体的树种了。上述种种情况，虽说是"程式化"的萌芽状态，但不管怎样，它们基本上没有完全离开一定的"模拟"性。例如上面提到的三角形或圆圈形的树叶画法，最初是用来表征枫树和梧桐的，但后来却往往失去原有的涵义，变成了一种抽象的"程式"，但这已是明清绘画的较普遍的状况了。

总括说，中国绘画史上的"程式"因素的"发生"，是一个极其漫长的，而且是经过许许多多细微变化而逐步成型的一个历史过程，从唐至清，经历了千余年之久，明清时期，不妨可以说是到了完全成熟定型的阶段。"程式"总起来看有两个基本的特征：其一，这样一种所谓"程式"，既然是经过了世世代代无数画家（共同）创造，逐步积累而成的一种描绘方法，并成为许多人共同沿用的一种格式。它确乎使人感觉到一种模式化的外貌，似乎是一种"陈陈相因"的艺术形式；其二，这种所谓"程式"，最初虽来自对客观物象的"模拟"，但发展到后来都变成一种远离了自然物象原貌的抽象符号，遂容易使人觉得这样的艺术形式离现实生活的真貌过于遥远。因此，到了现代，特别是在"五四"时期，某些人否定中国画，针对的主要就是传统绘画的这个所谓"程式化"的独特艺术个性。

"五四"时期反对"封建文化"的巨大洪流中，自然不会漏掉作为一种文化形式的传统绘画，这是完全顺理成章的事情，在诸多"反传统"言论之中，最有代表性的人物当推陈独秀，如他当时旗帜鲜明地提出："画家必须用写实主义，才能发挥自己的天才，画自己的画，不落古人窠臼，中国画在南北宋及元初时代，那描摹刻画人物禽兽楼台花木的工夫还有点和写实主义相近。自从学士派鄙薄院画，专重写意，不尚肖物；这种风气，一倡于元末的倪黄，再倡于明代的文沈，到了清代的四王更是变本加厉，人家说王石谷的画是中国画的集大成，我说王石谷的画是倪黄文沈一派中国恶画的总结束"。他又明确指出这种所谓"王派画"是"临"、"摹"、

"仿"、"抚"而不会"自家创作"。① 其实，陈独秀不过是政治家的一种借题发挥——借艺术问题而谈政治（正如"五四"运动实质上是政治运动一样）。令人不可思议的是，后来许多艺术史家却不懂得这一点，许多"内行"反而跟着"外行"瞎起哄。从 20 世纪 20 年代到 50 年代，上述陈独秀的言论为否定中国传统绘画划定了一个基本范围——从元到清；而且十分明确地指出，针对的就是所谓"文人画"的"专重写意，不尚肖物"；其中的重点，则是清代"四王"的"临、摹、仿、抚"。归结起来，也就是这样两点：一是徒知"临摹"、"仿抚"前人而"陈陈相因"的"摹古主义"；二是"不尚肖物"的"形式主义"。五四时期个别人给中国传统绘画定下了这两条罪状，一直延续到今天仍有不少人确信而不疑。

但是，到了 20 世纪 50 年代以后，情况却产生了一些微妙的变化：先是有人可能认为"否定"的面太宽了，于是把"否定"范围缩小到仅指明清时期的绘画，饶恕了宋元人；但过不多久，又进一步缩小"打击"面，"解放"了一批明清画家，最后仅仅局限于"打倒"明末清初的某些"摹古派"或"形式主义者"如董其昌及"四王"等人。为了强调这一点，他们又以相应地片面抬高石涛、八大山人和"扬州画派"等，当然，我绝不是说不该推颂石涛等人，而是反对把两者对立起来，捧死一批，打死一批。看来，当时那种做法很可能是受到那股流行的"现实主义和反现实主义斗争"的苏式教条主义左倾歪风影响的产物。当然，我也不是认为石涛、八大等人的绘画同"四王"等毫无差异之处；而只是说，从"程式化"形态的角度来看，两者只是量的差别而绝无质的不同，当然更不能把他们分为"天使"同"魔鬼"的对立斗争了。

但是，为什么会产生上述那些胡乱"否定"古人的情况，原因是多方面的，而且十分复杂，这里囿于篇幅，也很难去细究。然而，有一点却可

---

① 　陈独秀：《美术革命——答吕澂》，《新青年》1918 年第 6 卷第 1 期。

以断定：无论是"五四"时期，或者是开国以来，对于中国传统绘画的理论研究工作是极其薄弱的；对于传统绘画的美学本质认识更是极其肤浅或甚至是错误的。迄今为止，对于中国绘画中的"程式化"因素，真正的研究工作恐怕才刚起步。因此，我们不必深责前人，也不应苛求今人，更重要的还是总结经验教训，加强我们的理论研究工作，这才是唯一的正道。

（三）"程式化"的美学本质初探

以上我们简略分析了中国画中的"程式化"现象的一般特征和它的形成历史。从"程式化"作为中国传统绘画的"总体构成"的角度来看，它确乎有两个明显的特征：一个是貌似"摹古"的外观；其次是它非"生活化"的形态。以往产生种种误解，实际上均由此而来。

有许多艺术史研究者分析研究中国传统绘画时所参照的往往只是西方 19 世纪以前的"写实"（Realistic）绘画，而且又往往站在一个"西方中心论"的立场上，以西方的（包括俄国）某些陈旧的审美趣味和价值尺度作为参照系，以之来衡量中国绘画，必然会感到它一无是处。问题的关键，就在这个所谓"程式化"的形式体系，因为西方的"写实"绘画是不用这样一种"程式化"的描绘技法的；推而广之，又如中国的戏曲艺术的"程式化"表演体系，以及中国古典诗歌中的"五言"、"七言"等格律形式，乃至"词牌"、"曲牌"等，广义地说，似乎都属于"程式"的范畴。这种情况，从世界艺术史的范围来看，不妨可以说是一种绝无仅有的"国粹"。

然而，如果我们把眼界拓宽一些，不仅仅死盯着西方的有局限性的"写实"艺术的形式，那么，"绝无仅有"恐怕就得加上一个问号。同中国传统绘画相类似的最明显的事例，当数西方绘画史上出现于 19 世纪末期的所谓"后印象派"（Post-Impressionism）绘画。

熟悉西方绘画史的人都十分清楚，西方绘画史曾经有一个十分强大的"写实"传统，它源于希腊罗马，经 15 世纪的"文艺复兴"时期，一直发展、绵延到 19 世纪。这种形式的绘画，十分忠实地描摹因光线投射于物象上所产生的光影（明暗）关系；又非常严格地恪守人目与所描摹的物象之间的"视距"关系而造成的所谓"焦点透视"，并如实描摹由焦点透视所形成的"视像"等。这种"模拟"性的绘画形式，西方人称之为"幻觉主义"（Illusionism）的艺术。但是，这种历史情况到了 19 世纪晚期却发生了一些变化，始于所谓"印象派"（Impressionism）及"后印象派"（Post-Impressionism），又进一步演化、发展成 20 世纪初期的所谓"立体派"（Cubism）和"野兽派"（Fauvism）等。从此之后，西方"写实"绘画的大一统局面便被打破了，西方绘画进入了现代艺术的历史新纪元。

正当"后印象派"初登艺坛之时，理论的阐释亦应运而生，那便是英国美学家克莱夫·贝尔（Clive Bell）的赫赫有名的所谓"有意味的形式"（Significant Form）的理论。而贝尔的美学理论中，阐释塞尚等"后印象派"画家作品的关键，是他提出的所谓"简化论"（Simplification）。贝尔十分敏锐地看到并从理论上指出，这种新兴的画风之异于以往的"写实"（具象、再现）绘画的主要之点，在于他们把笔下所"模拟"的物象加以艺术的"简化"，亦即所谓一种艺术的"变形"（Distorlion）。正是这样一种崭新的方法，破除和改变了以往"写实"绘画的陈旧方法和体制，开创了西方现代绘画的新纪元。如贝尔说："'后印象派'的画家们采用了'充分变形的形式'（Distorted Forms），以挫败和阻止人们（对再现因素的）计较世俗利害和好奇之心，但这样一种艺术形式也仍有足够的再现因素，以唤起观众直接着眼于这个艺术创造活动（Design）的品性，从而找到了通向我们的审美情感（Aesthetic Emotion）的捷径。"① 这种所谓"变形"的艺术手法，贝尔又称之为"简化"。如他又说"简化并非仅仅去掉一些细节，这是不够的，而是要把剩下的再现成分改造成为'有意味的形

---

① 　贝尔：《艺术论》（ART），英文本，伦敦 1929 年版，第 227 页。

式'"。① 这的确道出了塞尚等"后印象派"绘画的一个最重要的特征，那就是所谓"变形"的艺术形象。贝尔说"变形"同"简化"掉物象原型的一些细节，看来主要是指塞尚等人的绘画中已经逐步"简化"掉传统的西方"写实"绘画中的"光影"及"透视"等。但是，仅仅"简化"还不够，贝尔认为"简化"了的形象还要加以改造（"变形"），才能具有一定的艺术的"意味"（Significant）。也就是说，塞尚等人因搞了"变形"而使原来的"写实"绘画逐步离开了"写实"范畴，尽管如此，"后印象派"绘画中还始终保留着一定的"写实"因素（如经过"变形"了的"人物"、"花果"、"风景"等自然物象的概略描摹）。值得注意的是，贝尔又把其中留存的"写实"因素（经过"变形"的）称为"再现性因素"（Representative Element），而且他还不但认为无须把它们排除干净，相反的还认为它们还能有一定的作用，这就是他提出的另一个值得我们注意的所谓"引线"（Clue）的概念。有时候，他用"知识性的引线"（Cognitive Clue），或称"提供信息的引线"（Informatory Clue）② 指的就是那个所谓"再现因素"。举例说，一幅画中画了一朵"花"的概略形貌，欣赏者首先在画幅上看到了和知觉到的就是"花"这样一种"植物"（知识）。人们最初的知觉只是一种知识性的观感——"这是一朵花"的观念；然后，这一朵"花"的形象又成为一种"引线"，由它指引欣赏者进一步去欣赏画家通过描绘了"花"的"变形"形象而去表现另一种远远超越了"花"的形象之外的艺术美（审美情感）。因此，画家所描摹出来的"花"的形象之中，"花"的物象原型只是一种"题材"（Subjects），它既不是艺术的"形式"更不是艺术的"内容"。正如贝尔所说："你可以注意到，有些不能感受纯粹的审美情感的人只记住画中的题材，而有审美情感能力的人则对那些题材没有印象。他们从来

---

① 贝尔:《艺术论》（ART），英文本，伦敦 1929 年版，第 227 页。

② 贝尔:《艺术论》（ART），英文本，伦敦 1929 年版，第 224—226 页。

不去关注画幅中的再现因素，因此当他们讨论绘画时只谈及各种性状的形式和色彩变化的关系。"① 于是贝尔提出了他的那个赫赫有名的"有意味的形式"的概念："在每一件美术作品中，线条、色彩以某种独特的方式组合起来的某些形式和形式间的关系，能激起我们'审美情感'。这样一种线和色的组合和关系，这种美感动人的形式，我称之为有意味的形式"。② 贝尔的这些理论阐释，确实道出了西方现代艺术同以往的"写实"性的艺术之间的一个根本性的区别——"写实派"画家把在客观世界中某些能引起他"美感"的物象描摹到画幅上去，因此，忠实于这些物象固有的特征，并且不加改变地"模拟"下来，这便是"写实"精义；但塞尚等"后印象派"画家则反其道而行之，不但不重视客观世界中的物象的固有形貌，而且还要在描摹过程中加以"变形"（Distortion，西语中尚有"扭曲"之义），目的是把它当作一种"引线"。换句话说，物象的固有形貌已完完全全失去了原来在"写实"绘画中的主角地位，而沦落为一个次要的配角；但画幅上的真正主角却转移到了附着于这些"变形"了的物象之上的某些具有自律性的（Autonomous）"线"和"色"的特殊组合（"有意味的形式"）。

现在我们再回过头来看中国绘画史上发生的一些情况，对照上述西方现代绘画的实践和理论，便可发现，两者有着相似之处。首先，从宋元到明清，也产生了类似西方绘画中的"变形"的事实——把"写实"的物象变为一种"程式"，这正是"变形"，也就是陈独秀指责为"专重写意，不尚肖物"的历史趋向。然而，贝尔谈论"后印象派"绘画的"变形"情况，语焉不详；而塞尚、凡高等人的绘画中有没有类似中国绘画中的"程式"，笔者亦不敢妄断，但无论如何，中国画中的"程式化"了的形象也正是一种"变形"了的形象，这却毫无疑义。

---

① 贝尔:《艺术论》(ART)，英文本，伦敦 1929 年版，第 30 页。
② 贝尔:《艺术论》(ART)，英文本，伦敦 1929 年版，第 8 页。

中国的绘画艺术同中国的书法艺术有着完全相同的美学性质，而中国的文字，实质上也正是一种独特的"程式"。这里拟援借书法为例以论证这个麻烦的问题，是因为书法的结构远不如绘画那样复杂，为的是便于说清楚这个难题。

大家知道，中国的文字最早亦起源于图画——所谓"书画同源"。例如"月"字，最原始的所谓"象形文字"就是画一个月亮的图像（图式Schema）；进一步演化到篆体，图画的成分开始减弱；再发展到隶书，再到楷书，符号（程式）的成分遂大大盖过了图画的因素。但这些不同的字体本身的形态结构，都还不是"书法"（艺术）。这些字体（形态结构）亦不过是种"引线"（支架）而已，而所谓"书法"（艺术），就是附着于这个骨架之上的血肉和灵魂，每一个书法家都有独特的个性创造和个性特点。唐、宋、元三代不同的书家的书法艺术，均各有不同的个性特色，但却利用同一个"月"字的骨架（程式）。中国的绘画，情况远比书法复杂，但基本性质却类似。所谓"程式"的形成，也像书法艺术中的文字形态一样，也是从"象形"（模拟）开始，逐渐离开模拟（写实）而趋向符号化，如同楷书中的"月"字，残留的象形痕迹已极为稀少。山水画中的"皴法"亦然，五代宋初的"皴法"，"象形"（写实）的成分尚浓，但到了后来，历元而至清，"皴法"亦已"程式化"、抽象化、符号化了。但不同画家的个性化的"笔墨"却附着于"皴法"这个抽象的"程式"骨架之上，正像"书法"附着于字体（程式）的骨架之上一样。

依此看来，不论是中国的绘画艺术或书法艺术，均有"程式"因素的存在。而"程式"的自然本性正是它的承续性和凝滞性，因此它的美学外观也确实会使人感到是种"陈陈相因"了千百年之久的"摹古主义"或"形式主义"。产生这种误解的主要原因是错把"程式"当作了中国艺术的"主角"或内容，但事实上它在绘画或书法中的地位是不很重要的，正因此缘故，笔者杜撰了一个"支架"或"骨架"的概念以替代贝尔所用的"引线"

一词，我认为"支架"的概念更易于说明"程式"的性质及功能。笔者曾在拙著《绘画美学》一书中把"程式"比喻为时装商店中陈列时新服装所用的纸糊"模特儿"，有的甚至只是用铁丝构成的一个简略的人形。这里，主角是服饰，而决不是模型人，这是昭如白日的事情。在中国绘画艺术中正是如此，其中把模拟的物象"程式化"为一个次要的配角，为的是"支"起另外一种更为重要得多的东西，那就是传统画论津津乐道的所谓"笔墨"形式，或"笔情墨趣"。

中国传统绘画的"程式化"形象的最使人迷惑不解的美学本质就在它的"一身儿兼二任"：一方面，它还没有完全舍弃客观物象的大概轮廓（"程式化"了的物象），山是山，水是水，不会让人看不出是什么东西；然而，其真正的美学目的却不是如实再现那些真山真水或其"本质"。虽然宋人还要求山水画必须画得"可望，可行，可游。"（北宋·郭熙：《林泉高致》）但明清人的山水画却是"有笔墨而无丘壑"了（清钱杜对董其昌画的评语）。传统画论中"笔墨"的概念，近于贝尔所说的"线"和"色"的组合——"有意味的形式"。中国画中的"程式化"了的物象描摹，它本身不是目的而是手段，是为了表现一种具有"自律性"的、"抽象性"的"笔墨"形式的一个"支架"而已。然而，以往有许多艺术史家却往往视而不见这一极其重要的事实，他们只肤浅地看到那些"陈陈相因"的"程式化"的美学外观，甚至误以为用"程式化"方法描摹的物象乃是其中的"内容"。这种舍本逐末的见解必然导致他们错误地目之为"摹古主义"或"形式主义"。其实，某种附着于一定的"程式"（"支架"）上的"抽象美"的"笔墨"形式，内中仍蕴含着一定的"审美情感"的艺术内容，而绝非"没有内容"的什么"形式主义"，正因如此，从理论上说，"程式"作为一种"骨架"而言，自然容许"陈陈相因"，并且容许一代又一代的画家不断地"摹古"，但它决不妨碍不同时代的不同画家都有他们表露在"笔墨"的"抽象美"形式中的个性创造及个性特点和色彩（"四王"等也不例外）。

贝尔虽曾把"后印象派"绘画中留存的一些"再现因素"称为"不相干的赘物"(The Irrelevant)，但他却没有像康定斯基那样目之为一种"障碍"(Impediment)而主张把它排除干净，相反的又称之为一种有用的"引线"，笔者称之为"支架"，亦类似贝尔的这个观点。"支架"(引线)——"再现因素"——"程式"三者为同一个东西，它又具有某种自相矛盾的属性，既称为"支架"，它在绘画中所起的作用又是不可或缺的。试想，如果把陈列在服装下的"支架"取掉的话，如何展示它的形态和色彩呢？又如何能招徕顾客呢？由此看来，要把绘画中的"再现因素"完完全全取消掉，恐怕是有困难的，"皮之不存，毛将焉附"？这一点，无论从理论上还是从实践中，都是一个值得慎重研究和探讨的重大美学问题。

但是迄今为止，"抽象美"的概念仍是一个容易引起广泛争议的问题。"抽象美"的问题，理论认识的症结主要有两个：其一，许多人把"形式美"的概念混同于"抽象美"，从而造成许多混乱或纠纷；其二，"抽象美"的"内容"问题，有些人往往认为"抽象美"是指没有"内容"的"形式主义"艺术。对于这个问题，底下拟依次进行一些粗浅的探讨。不妥之处，还求批评指正。

先说"抽象美"和"形式美"的区别和关系，长期以来，有些研究者往往把"形式美"概念理解得十分笼统含混。例如，经常见到有人笼统地把色彩、线条、声音等也归入"形式美"的范畴。事实上，"形式美"的准确的涵义应是："艺术的形式构成法则"，而色彩、线条、声音之类充其量不过是构成艺术形式的某种物质性材料而已。"材料"如果不是按某种规则结构起来，它本身不可能有任何"美"的性能和涵义。举例说，单独的一种红色，如果它不是同黄色组合成为"调和"或同翠绿相列而构成"对比"，孤零零的一块红色，就谈不上什么"美""不美"的问题。"调和"、"对比"、"均衡"、"对称"等等"形式美"的法则，在艺术形式构成中是没有独立性（自律性）的，特别是在"写实"绘画中的依附性更大——例如，一幅人像画中的一小块红色的依赖性更大——它安置在人像的脸颊上或在鼻子尖上，其涵义和效果是截然不同的，所以"形式美"是不可能有独立性的（所谓"相对的独立性"也没有）。但是，由于"形式美"与"抽象美"都可以说成是"线和色的组合"，故极为容易混淆、有人就曾把"形式美"误认为"抽象美"，从而理直气壮地指责："形式美"，没有必要再给它一个'抽象美'的名称"。①

"抽象美"的艺术形式是同"具象（写实）美"的形式相对而言，内涵是指"抽"掉了写实艺术中的物象模拟，或者"简化"和"变形"了的物象模拟（半抽象）。它们可能正是按照"程式化"原则而形成某种特殊的"线和色的组合"，因此是有"独立性"（Autonomous）的。它和没有独立性的"形式美"的法则是完全不相同的两回事，决不能混同。

再说"抽象美"的"内容"问题。迄今恐怕仍有不少研究者"否定"和不理解或不承认抽象绘画或"半抽象"的中国传统绘画的美学特质，詈之为"取消作品的内容"的"形式主义"艺术，原因也是多方面的，而且相当复杂。但从理论认识的角度而言，其中最主要的一点，则可能是一般美学观点的问题。人们指责抽象艺术往往是说抽象艺术（绘画）没有"内容"，正是指某些作品中高度"变形"了的物象或完全免去了物象的再现。这里，他们的观念中的"内容"的涵义也就十分清楚：画一朵"花"的画，"花"的形象就是其中的"内容"。这种见解对不对呢？艺术的"内容"究竟应该是什么呢？这样一个巨大的美学难题，本文既无法回避但又囿于篇幅而无法详论，下文只能略涉其要。

以笔者愚见，无论是"写实"绘画或"抽象"及"半抽象"绘画，其真正的艺术"内容"绝不是描摹的某些对象而应是一种所谓"审美情感"，

---

① 浙江美术学院文艺理论学习小组：《形式美及其在美术中的作用》，《美术》1981 年第 4 期。

而"审美情感"又不是某种主观自生的东西，它正是产生于特定的社会生活土壤之上，是社会生活的"反映"；但艺术的"反映"同科学的"认识（反映）"是不同的，前者是间接的而后者是直接的。但长期以来，不少人普遍信仰的一个流俗的美学观点却认为：艺术作品中描摹的一些对象（物象）或"题材"（如"山水花鸟"）便是艺术中的"内容"，所谓"以一个挑水人来表现许多挑水人"（俄国文艺理论家别林斯基语），又谓之"现实主义"的"反映现实生活本质"的"典型"云云，这就把艺术完全混同于科学。不少人甚至认为这就是"马克思主义"美学的金科玉律，万古不移，但事实上并非如此。事实上，上述那种美学观点不过是我们从 20 世纪四五十年代苏联出版的许多美学或者文艺理论的文章和书籍中抄袭来的。对于这种所谓"苏联先进经验"，过去我们（包括笔者本人）曾确信它是唯一的"马克思主义"美学观点（现在恐怕仍有人迷信此点）。事实上，这不过是种所谓"教条主义"的观点。但"教条主义的'马克思主义'不是马克思主义而是反马克思主义的"。（毛泽东：《在延安文艺座谈会上的讲话》）前苏联的这种教条主义美学理论是一种"反马克思主义"的机械（直观）反映论的美学，基本概念集中体现于苏联 30 年代文艺界的最高领导人法捷耶夫给文艺下的一个定义："艺术家通过对现象本身的展示来揭示规律"。①这种美学观点把绘画艺术看作只是科学知识的图谱。当年我们（包括笔者本人）曾无条件地接受了那个苏联美学，如果戴上这样一副有色眼镜而去观察中国的传统艺术（绘画），必然会把这个"程式化"的艺术体系误解为"陈陈相因"的"摹古主义"或者"形式主义"。

看来迄今仍有人不清楚那种苏式教条主义同马克思主义风马牛不相关。正因如此，他们至今不敢摒弃在评议某些传统绘画时所用的那些"摹

---

① 法捷耶夫：《争取做一个辩证唯物主义的艺术家》，中译文见《古典文艺理论译丛》第 11 辑，第 154 页。

古主义"、"形式主义"等等帽子棍子式的概念，而这些概念又正是那个幼稚的左倾教条主义美学的直接产物。由此看来，当务之急是必须清除教条主义的理论流毒，扔掉那些所谓"摹古"、"临古"、"放弃内容"等各种各样莫名其妙的荒唐辞语，把这些理论垃圾全部彻底地从中国绘画史的正常的研究领域清扫干净，不能有丝毫保留；不然的话，它仍会时时处处干扰我们对中国绘画史的正常的研究工作——既然中国绘画史后期的情况大都是那些"糟粕"，还值得下功夫去研究么？事实上，我们（包括笔者）至今对中国绘画的美学性质所知甚微，其根本原因就是很多人觉得不值得去研究而不去研究。究竟它为什么具有这种"程式化"的特殊面貌？内中蕴含的又是什么样的具体的"审美情感"的"内容"？等等一系列问题都有待于今后去进行深入研究探讨。

（原载《美术研究》1993 年第 1 期）

三　也谈抽象美

近年来，"抽象美"成为一个热烈论争的议题。导源于吴冠中先生发表于《美术》杂志（1980 年第 10 期）的《关于抽象美》一文；嗣后，在美术理论领域不同观点的文章相继争辩，难以相下，本文亦拟对此问题谈一点己见。

（一）"抽象美"正名

吴冠中先生在文章中说："抽象（法语 abstrait 或 nonfiguraive），那是无形象的，虽有形、光、色、线等形式组合，却不表现某一具体的客观事物的形象。"

不同意此种"抽象美"说法的观点发表于《美术》杂志的文章以浙江美术学院"文艺理论学习小组"署名，以及王宏建等先生最有代表性。前者见《形式美及其在美术中的作用》①，后者见《浅谈艺术的本质》②。浙江美院的文章中说："我们认为吴冠中先生的'抽象美'的概念在美学上是不能成立的。理由如下：第一，他所说的不与具体实物相联系的线、色的组合的美，实质上也是一般人所说的形式美，没有必要再给它一个'抽象美'的名称。第二，'抽象美'这个概念是反审美的。顾名思义，抽象美理应说的是抽象东西的美，可是，抽象的东西是谈不上美丑的。"王宏建先生说得更为明确："近来有一种流行的说法，叫做'抽象美'，大概是作者主观杜撰出来的，……如果'抽象美'的理论能够成立，也就是说，艺术可以是抽象的，可以是'无形象'的，……我们可以承认艺术表现形式的美，也可以承认艺术表现形式的美有其相对独立性，但无法苟同'抽象美'的谬说。"

从上述诸家引文中可以看到，这场争论的第一个焦点是对"抽象"这个名词的释义。吴冠中先生说的"抽象……那是无形象的"这句话有明显的语病；但他立即又补充说："（抽象）不表现某一具体的客观实物的形象。"这后一句话的含义还是比较清楚的，他并不认为"抽象"即"无形象"，而只是一种没有具体"实物"的艺术"形象"。是指一种"抽象"性质的艺术形象。如果这一点可以肯定的话，那么，反对者指责吴冠中先生主张"没有形象"的"抽象美"，岂不就成为无的放矢了吗？

因而，我们首先要弄清楚，"抽象美"这个名词，究竟能不能用来指称

---

① 《美术》1981 年第 4 期。

② 《美术》1981 年第 5 期。

一些艺术的形象性的东西，这也就是首先要对艺术领域中的"抽象美"概念进行"正名"，"名不正则言不顺"，就难以进一步探讨其中的真实内涵。

"抽象"这个名词和概念本与艺术无关，如果从心理学或逻辑学的范畴来说，它的一般含义是指相对于"形象"（不仅指艺术形象）而言，是"无形象"的东西；但是这并不妨碍我们可以把它借用于艺术领域，从而局部地改变了它原有的含义。所谓"抽象美"这个名称，实质上不过是一种修辞上的借喻，它用来指称某些并不描摹或表现具体的实物形象的特殊艺术形象。这类借喻，在艺术领域更是屡见不鲜的。譬如，我们在音乐术语中应用"音色"这个概念，以"色彩"来说明音乐的某些性质，这就是一种借喻。耳朵又怎能听到颜色呢？如果我们对这类情况都从词面上胶柱鼓瑟地去追究，那还了得，绘画中也讲"色调"，眼睛又怎能看到只有音乐才有的"音调"呢？岂不都成了"反审美"？而且简直是昧于常识了。

由此而言，"抽象美"这个名词，是用来指称一种不描摹现实物象的艺术形象——例如工艺美术中的抽象的几何图案、建筑艺术、书法、抽象绘画、雕塑以及无标题音乐等等。因此，"抽象美"这个名称是完全可以成立的。

（二）"抽象美"概念的外延和内涵

如果"抽象美"这个名称可以成立，那么，我们就可以进一步探讨"抽象美"概念的"外延"和"内涵"。

长期以来，人们习惯于只提"形式美"而不谈"抽象美"；甚至，近年来出现了肯定"抽象美"的见解之后，也往往仍把"抽象美"与"形式美"相混淆。吴冠中先生在文章中曾说"抽象美是形式美的核心"，也还是一种含混的说法，似乎两者是同一个东西（见前引《关于抽象美》一文）。刘纲纪先生的《略谈"抽象"》一文[1]也是近年来议论"抽象美"问题的

---

[1]　《美术》1980 年第 11 期。

一篇较好的文章,但遗憾的是其中仍没有阐明"抽象美"和"形式美"两者的关系。从他的文章中一再强调所谓"相对独立于具体实物的抽象的形式美"的说法来看,"抽象美"与"形式美"似乎也仍是同一个东西。从这个意义上说,反对者就完全有理由提出,"形式美"没有必要再给它一个"抽象美"的名称。

我们首先要断定:"形式美"和"抽象美"不是指的同一个东西,两者有一定关系但并非同义词。

艺术的形象形式,基本上可区分为三大类别:第一类,"具象"的艺术形象(具象美)——那是指艺术作品描绘了一些外界具体物象的艺术形象(其中不包含"抽象美"的成分);第二类,"抽象"的艺术形象(抽象美)——那是指一部分作品中根本不去描摹任何具体物象的艺术形象(请注意,这不是附丽于"具象"而"相对独立"的抽象的形式美);第三类,介乎具象与抽象之间的艺术形象,使两者相结合的特殊产物。

但是,"抽象美"与"形式美"的区别何在呢?根据上文所谈,"抽象美"只是指艺术领域中一部分艺术形象;而"形式美"则是所有或一切艺术形象(包括具象和抽象)都必须具有的一种普遍性的艺术美的因素——不但"抽象"的艺术形式中有"形式美"的因素,"具象"的艺术形式也必然有"形式美"的因素。就美术领域来说,任何形象(包括具象和抽象)的形式结构最终都可概括为"形"和"色"(包括黑白单色)两种艺术元素;它又必须按照"均衡"、"对称"、"调和"、"对比"、"多样统一"、"疏密"、"虚实"等等艺术的形式构成法则来构造一定的艺术形象形式。这就是一般所谓的"抽象的形式美"。正因为它不能脱离具体的艺术作品的形象而独立存在,所以我们又习惯地称之为具有"相对独立"的美学性质。由此而言,"形式美"这个概念,其实不是十分精确的,准确地说,应是"艺术的形式构成法则",或可称之"外部形式"。

所谓"抽象美"或"抽象性"的艺术形象则不然,它不是依附于别人的某种"相对独立"的因素，而是指一种"绝对"独立的艺术形象；但所谓"形式美"则不仅包含、从属于"具象"性的艺术形式，又从属、包含于"抽象"性的艺术形象形式之内。

明确区别"抽象美"同"形式美"概念的外延，是十分重要的，不然，就无法进一步去探讨"抽象美"概念的内涵。

综上所述，艺术领域中应用的"抽象美"概念并非相对于"形象"而言，它是同"具象"相对应的一个概念（更不能混同于"形象"）。"具象"和"抽象"概念的美学内涵，实质上是指艺术形式的"模拟"和"非模拟"的区分（目前仍有些人忌讳并回避这个美学实质的问题）。有些艺术形象形式，采用的方法是把客观世界某些感性现象"如实"地"模拟"下来，成为它的艺术形式，此之谓"具象美"，如一些小说、戏剧、叙事诗的形式、一部分绘画作品等（其中包含"形式美"，但没有"抽象美"）；但另有一些艺术形式却是采用一种完全由人工制造出来的、类似语言文字的"符号"性质的艺术形象，如音乐中的"器乐"，基本上（不是全部）是不去"模拟"客观物象的，又如建筑、抒情舞蹈、工艺美术中的几何图案、书法艺术及抽象绘画等，也都是属于"非模拟"性的"抽象美"（因此，其中就没有"具象美"的成分）。对此，也许有的学人会提出异议，他们不同意说世上有不"模拟"实物形象的艺术形式。他们会嚷嚷："你否认'模拟'，不就是否认艺术是现实的'反映'么？""艺术难道不是来源于生活的吗？"可见，我们对"模拟"的概念还存在着许多理解上的分歧。有些学人至今仍把"模拟"简单地误认作"反映"的同义词，从而认为否认"模拟"就是否认"反映"，也就是背离马克思主义哲学的"反映论"。这些问题是不能不论辩清楚的。

"反映"的概念，原本是一个高度抽象概括的哲学概念，也是一个极其深刻、丰富、有复杂内涵的科学概念。如果我们不是把马克思主义的哲学反映论教条化、庸俗化和狭隘化，对于"反映"这个哲学（美学）概念，绝不能仅仅从它的词义上去做简单又肤浅的理解，以为"反映"即"模拟"。应用于艺术领域的"反映"概念，决不能庸俗的附会成只是像镜子反映物象一样的机械活动。"艺术反映现实"的美学命题，包含着十分复杂和形态多样的一类精神活动。从这个角度来看，"反映"绝不等同于"模拟"。所谓"模拟"，充其量只是指"反映"的一种形式罢了。因此，所谓"抽象"的、"非模拟"性的艺术形象，最终说来也还是来源于现实，也是对客观现实的一种特殊形式的"反映"。

吴冠中先生的《关于抽象美》一文，其中有许多极深刻的美学见解。虽然它的论证的逻辑性不够严谨，但立论基本上是正确的。艺术中的"抽象美"现象，是不依人的主观意愿为变更的客观存在。"抽象美"是客观存在的历史事实，谁又能把它否认掉呢？

据上所谈，多年来一直成为禁区的"抽象派"绘画的评价问题也就不难解决。"抽象美"、"抽象艺术"、"抽象派"、"抽象主义"，这些不同概念之间是量的差异而没有质的区别。肯定了"抽象"、"抽象美"的艺术形式，也就是肯定了"抽象派"艺术（至少其中的一部分）有其存在的价值和合理性。过去有些人简单地认为凡"抽象"的艺术形式都是"腐朽"、"反动"的；相对地说，凡"具象"（模拟）又皆为优秀的，这又是完全违反客观实际的。音乐中的"无标题音乐"是最最彻底的"抽象"艺术，难道都是"反动腐朽"的吗？反过来说，有些（部分）"具象"的艺术作品的内容倒可能是腐朽反动的，例如一幅希特勒的肖像画，如果以歌颂的态度为之，那么，画得愈真实，艺术性愈高，也就愈反动。这种反动的作品，难道可以因为它们的形式的"具象"性而加以宽容吗？艺术作品的形式是不存在"腐朽"、"反动"问题的。由此而言，不分青红皂白把"抽象美"的形式一概否定，把"抽象"艺术全盘"打倒"，理论上是错误的，实践上也是无益的。

（三）"抽象美"在艺术中的诞生

长时期以来，由于教条主义及庸俗社会学的肆虐，马克思主义的美学研究遭到种种歪曲和篡改，以致我们对中国传统绘画的理解存在着很多问题。如有不少人把许多明清绘画斥为"形式主义"（正因其"半抽象"的性质）而盲目否定之；又如把一些山水、花鸟题材说成"脱离、逃避现实"等等不一而足。这些都说明了个别学人对民族艺术的特殊规律缺乏正确认识，以及对马克思主义美学理论的严重曲解。

中国绘画基本上是一种"半抽象"的艺术，它是由"抽象美"和"具象美"两者相结合的产物（介于抽象和具象之间）。其中的"抽象美"因素就是一种独特的"线"与"点"的形式结构，即中国画家所说的"笔墨"。它是同"具象"（模拟）相抵牾的一种艺术因素，因此具有很大的独立性。

我们必须正视这样一个客观事实：中国绘画虽然迄今未完全摒弃"具象"的因素，但是，其中的"线点结构"的"笔墨"形象——一种独特的"抽象美"成分——不但不是从属于那些"具象"（模拟）之物，并且是"绝对"独立的东西。而中国画的"笔墨"（抽象美）的诞生和争取"独立"的运动，也是经过了长时期的历史挣扎才获得的。它诞生的概略历史轮廓是：中国绘画史的前期（元代以前），基本上以"具象"为主；从北宋开始，"抽象美"的因素逐步增强，到明、清才臻于完成的阶段。这个历史过程的总倾向就是："具象美"（模拟）因素日渐减弱而"抽象美"成分缓慢增强，以致最终处于主导的地位（但"具象美"因素却始终未曾摒弃）。底下可以举一些具体的史例来说明这个问题。南宋皇家"画院"中的画家所画的牡丹花是极其写实的，由此可以见到宋代绘画中以"具象美"为主的作品特点。牡丹的固有的特征是色泽和形态富丽堂皇，南宋的"院体"画家采用了"工笔重彩"的技法，比较忠实地"模拟"了这种固有特征，因此它基本上是"具象美"的绘画，后世以"笔墨"为重的特点是找不到的。我们如果把明代徐渭所画的水墨牡丹来做一比较，两者的差别十分明显：首先，徐渭的画中不用"重彩"而用"水墨"，牡丹的最突出的色泽艳丽的特点就被无情地舍略掉了；其次，徐渭又用极其粗放的笔法来抒"写"牡丹，其本身固有的繁缛富丽、雍容华贵的形态也绝难表现。事实上，徐渭也确实并不想去忠实地"模拟"牡丹本身固有的特征。他只是把牡丹的大略轮廓当做一种"支架"，借此表现"笔墨"——"线点结构"——就从物象的羁绊中解脱出来了，取得了一种独立和主导的地位（尽管如此，对牡丹的大略轮廓的"模拟"因素也仍保留着）。这就是"抽象美"和"具象美"相结合的一个具体范例，也就是一种所谓"半抽象"的绘画。

从"模拟"演变到"抽象"的历史过程，在西方美术史上表现得尤其突出。在前期（19世纪之前），西方绘画基本上（不是全部）属于一种"具象美"，"抽象美"（注意，不是"形式美"）几乎不存在；从印象派开始，历"印象派之后"（Post-Impressionism）的凡高、塞尚、高更等人独立的"抽象美"的因素开始萌芽。塞尚等人的绘画，也正是一种"半抽象"的东西，这同以上所谈中国画（明清时代）的情况极为相似；但进一步发展的结果，许多西方现代画派干脆把"模拟"的因素完全排斥干净。只留下了纯粹的"抽象美"的因素（如所谓"立体派，就是从塞尚的传统开始发展起来的）。但中国画则不然，虽然其中"抽象美"因素发展到晚近时代已达到高度完美和极其成熟的境地，但始终舍不得把一些"模拟"因素完全扔掉，始终把它当做一个有用的"支架"，虽不重视它却又不鄙弃它。在明清时期，"笔墨"、"线点结构"的"抽象美"形式显然已臻新的境界。以八大山人的作品为例，吴冠中先生的分析也极为精到："八大山人是我国传统画家中进入抽象美领域最深远的探索者。凭黑白墨趣，凭线的动荡，透露了作者内心的不宁于哀思。"① 这种半抽象的艺术确实离那些彻底的"抽象派"已不太远了，尽管画幅中还没有完全摒弃"具象"（模拟）的因素。

也许有的人要提问：中国绘画是否应该进一步发展成纯粹的"抽象派"——完全扔掉那些"具象"因素？这是一个实践的问题（包括创作和

---

① 吴冠中：《关于抽象美》，《美术》1980年第10期。

欣赏两方面），理论无法明确答复。如果今天历史条件还不成熟，而我们硬要生造出一种纯粹的"抽象"绘画，这是主观主义；但如果条件一旦成熟，历史当会自然而然地产生中国式的纯粹的"抽象派"绘画，谁想禁止也是办不到的，也是唯心主义的蛮横无理。理论有责任根据历史事实做出结论说："抽象"艺术并不是妖魔鬼怪，应有它存在的价值和权利（对"抽象派"和"具象派"的艺术，都应一分为二，其中都有好有坏，不能一概而论），这恐怕才是真正彻底的唯物主义态度。

（原载《美术》1983 年第 1 期）

四　大旨谈情
——读《红楼梦》札记

（一）

《红楼梦》第五回梦境中警幻仙姑对贾宝玉说过一番意味深长的话，不知是因为人们不甚注意，抑或其他缘故，很少为研究者论及。例如警幻对宝玉说的这一句话：

"我所爱汝者，乃天下古今第一淫人也。"

警幻又曾进一步阐发这个"淫"字：

"淫虽一理，意则有别。如世之好淫者，不过悦容貌，喜歌舞，调笑无厌，云雨无时，恨不能尽天下之美女供我片时之趣兴，此皆**皮肤滥淫**之蠹物耳。如尔则天分中生成一段**痴情**，吾辈推之为"**意淫**"。意淫二字，

165

惟心会而不可言传，可神通而不能语达。汝今独得此二字，在闺阁中固可为良友，然于世道中未免迂阔怪诡，**百口嘲谤，万目睚眦。**"（着重点为引者所加）

看来脂砚斋深深懂得这些话的含义和分量，故在"天下古今第一淫人也"旁侧批语："多大胆量敢作如此之文"，"皮肤滥淫"句侧批曰："说得恳切恰当之至"；"意淫"二字边上大书："二字新雅！"（均见"甲戌本"）。

不错，这个"淫"字在古人语汇中的含义要比今天宽泛。《续后汉书》记载晋·皇甫谧："耽玩典籍，忘寝与食，时人谓之'书淫'"（卷六九下）。关于此点，后人踵"脂批"之后复有所阐发。有一本署名"二知道人"（约道光时人，名姓无考）所著《红楼梦说梦》，其中解说得很透彻：

"警幻仙姑谓宝玉为"意淫"，索解人不易得也。盖色授魂予，竟体生春，非温柔之乡而何？若必待肌肤之亲，始入佳境，正嫌其俗道耳。"

对此，另一位当代人诠释得更为明白了：

"男女的互相爱悦和要求结合，在一个文明人看来，并不仅仅是为了生育子女，……而异性之间的爱情，到了后来竟至升华到一种纯洁动人的心灵的契合，好像性的吸引反而不是主要的原因了。"（何其芳：《论红楼梦》）

上述这些解释都是对的。曹雪芹在《红楼梦》中确确实实表明了这样一种思想，——这同第一回中自称此书"大旨谈情"也是呼应的。但是《红楼梦》的全部内容，又不仅仅限于此。为什么曹雪芹借警幻之口说出"痴情"、"意淫"等这些费解的话？而更令人费解的是：这个"情"字竟然严重到"未免迂阔怪诡，百口嘲谤，万目睚眦"，显然又不仅仅限于两性之"情"的范围了。

我们知道，目前所能读到的《红楼梦》，是个残缺不全的本子（八十回抄本），经后人既续又改之后，虽似全豹（一百二十回通行本），然与雪芹原作相去如何？仍属未知。凡此种种，对于我们正确理解和解释上述问题，已然设下了重重障碍。

世间万物往往会有某些共性。中国有的东西，外国往往也会有。曹雪芹提出所谓"意淫"（痴情）的思想，无独有偶，我们竟然能在托尔斯泰的作品中也找到了，而且两者有着惊人的相似之处。如果引来作一个借鉴，对理解《红楼梦》的问题恐怕不无启发或帮助。

在托尔斯泰的长篇小说《复活》中，可以见到有如下一段话：

"男女中间的爱情，总有一个时候达到顶点。——那当儿，爱情是不自觉的，没理由的，而且不含得有一点性欲的成分。聂赫留朵夫正是在这个快活的复活节的夜晚遇到了这个顶点。在后来的岁月中，每逢他偶然想起卡邱莎，这个时候的情景总是盖过其他一切的时候。

……

他知道她有这样的爱，因为这天晚上和第二天早上他自己也觉得自己心里有这样的爱，还感到在这种爱里，他和她合成一体了。"

（《复活》第一部，第十五章）

托尔斯泰又接着往下说：

"在聂赫留朵夫身上，就跟在所有的人身上一样，有两个人：一个是**精神**的人，专门为自己寻求那种能促进全人类幸福的幸福；另一个是**动物**的人，却专门贪图自己的幸福，为了自己的幸福不惜牺牲别人的幸福。"

（同上揭书，第十四章。着重点为引者所加）

这里，可以发现同曹雪芹的思想有着某些相似之点：——警幻说贾宝玉一类人"天分中生成一段痴情"，即谓之"意淫"，——也就是"情"；他和另一种"皮肤滥淫"之辈有别。其实此两者就近似托翁所谓的"精神的人"与"动物的人"的对立。

《复活》中写了两性之间的爱情，同时又远远超出了两性关系的范围。主人公聂赫留朵夫和卡邱莎的关系始终作为贯穿全书的一条中心线索，——以两性之"情"为基点生发开去，推而广之，最终涉及到一切人

与人之间的"情":

"……事情的症结在于人们认为在有些情形里人待人可以不必用**爱情**（在俄语中，两性之情同广义的"情"是同一个词——ЛЮЬОВЬ——引者注），可是这样的情形并不存在，我们对待物件倒可以不必用爱，我们可以不带着爱情去砍树、造砖、打铁，可是我们对人却不能没有爱，就跟人对蜜蜂不能不小心一样。蜜蜂的天性就是这样的。要是人随随便便的对待蜜蜂，人就会伤了它们，也伤了自己，人也是一样的。这也不能不是这样，因为**相互的爱就是人类生活的基本法则**。"

（同上揭书，第二部第四十章，着重点为引者所加）

这就是贯穿于《复活》全书的一个中心思想，——从两性之间的"爱"（情）扩展到一切人与人之间的"爱"（情）。托尔斯泰以这样的观点去观察当时的世界，从而提出了一连串疑问：

"他问的是一个很简单的问题：'有些人为什么而且凭了什么权利，把另外一些人关起来，虐待、流放、鞭打，杀掉，同时这些人却跟他们所虐待、鞭打，杀掉的人完全是一样的人？'他所得到的回答上是种种的商榷；究竟人类有没有自由的意志呢？……究竟社会是什么呢？究竟社会的责任是什么呢？等等。"

（同上揭书，第二部第三十章）

一句话，托尔斯泰把阶级社会中一切人压迫人，人欺凌人，人残害人的种种现象归结为有些人缺乏他所设想的那种"爱"心，——也就是所谓"精神的人"，——因此"动物的人"占了上风，遂产生了种种可怕的人吃人的现象。

在《红楼梦》里，我们虽然找不到像《复活》中那样明确地直接用逻辑的语言述说出来的思想，然而间接地用形象的方式表达的也仍然类似这样一种思想，——曹雪芹的巨笔所鞭笞的一群丑恶行径的人物（如贾瑞、贾赦、薛蟠等），其实也就是他归结为"皮肤滥淫之蠢物"；而另外还有一些如贾宝玉、林黛玉等则属"意淫"之辈。两者的区别也近似托翁所说的"动物的人"和"精神的人"。两人宣扬的同样都是一个"情"，而内容亦都超出两性之"情"的范围了。

（二）

曹雪芹曾说明他创作《红楼梦》的经过："于悼红轩中披阅十载，增删五次。"而在此之前，又曾用《风月宝鉴》之名（见第一回）。脂砚斋于此有眉批曰："雪芹旧有《风月宝鉴》之书，乃其弟棠村序也。今棠村已逝，余覩新怀旧，故仍因之"（见"甲戌本"）。《风月宝鉴》，顾名思义，其内容可能限于"情场鉴箴"之类，而《红楼梦》也许就是在原先的《风月宝鉴》的基础上逐渐扩展而成。如果是这样，事情可又是无独有偶了，《红楼梦》的成书过程，同《复活》亦何其相似乃尔！

托尔斯泰的《复活》写于1889年到1899年，也是经历了十年的创作历程。起因是他听了别人告诉他的一件真人真事，据此为素材而写的一本以情场忏悔为主题的道德教诲小说。原先是个中篇，故事情节即依据那件真实事情：一个贵族青年引诱了他姑姑家的一个婢女，怀孕后被逐出，沦落为妓女。后因被控偷窃而受审判，这个贵族青年恰好以陪审员身份出席法庭，遂使他想起往事，深受良心谴责，便要求同她结婚以赎前愆。这个大略的情节一直保存到完成后的《复活》中，然而《复活》的内容却比早先那个中篇小说要丰富得多。托尔斯泰在他的日记中详细记载了这种创作经过：初稿完成后，自己极不满意，他在1895年11月5日的日记中说："刚去散步，忽然明白了我的《复活》写不出来的原因。……必须从农民的生活写起，他们是对象，是正面的，而其他则是投影，是背面的东西"。他认识到："要讲经济的、政治的、宗教的欺骗"，"也要讲专制制度的可怕"。于是，十年之内不断修改，六易其稿，原来比较狭窄的道德教诲的思想内容最后仅成为其中很小的一个方面，成为包含在整个小说对于俄国当时的社会制度的强烈控诉的一个组成部分了。

数十万言乃至上百万言的长篇小说，由于表达思想之深，涉及的生活之广，叙事之繁与铺陈之多，如果其中没有一个一以贯之的中心线索，便容易失之涣散。《复活》的创作经历的巨大变化——虽然主题经过了大变更而故事情节的中心线索始终未动，一直成为其中一个有力的支架，同样，《红楼梦》的情况或亦近似，曹雪芹原先的《风月宝鉴》无论篇幅或思想也许都比较窄而且浅，在 10 年的增删过程中，描述的事件增加了，思想深度大大扩展了，可是原来的故事情节——以两性关系描写的情节作为一个中心线索一直保留下来，成为完稿后的《红楼梦》这部洋洋百万言的巨制中的一个不可缺少的构成部分。一根金线把散乱的珍珠串成了一个浑然的整体。这当然只是一种推测，不知是否符合事实的真相。

然而，我们现在读到的《复活》，在俄国十月革命之前却并非这个样子，它当年曾经被沙俄统治阶级的专政机构删削得面目全非。据说，《复活》全书 129 章，当年发表时未经删节的只有 25 章，有的章节（如揭露监狱黑暗的）甚至被整章砍掉。直到 1933 年，《复活》原稿才得完整无缺地公诸世间。这一点，《红楼梦》的历史命运不也与之出奇地近么？我们已知，《红楼梦》刚问世的时刻（抄本），也是被封建统治者密切关注的，有不少清人笔记中隐隐绰绰透露是书亦遭到过"删削"的厄运。如纳兰性德的《饮水诗词集》，1925 年万松山房刊本的卷末有一署名"唯我"的跋语，其中提到《红楼梦》曾为乾隆皇帝注意过，因内多"犯忌"之语，所以别人就"删改进呈"云云。赵之谦的《章安杂说》（稿本）中也提到："余昔闻涤甫师言，（《红楼梦》）本尚有四十回，……想为人删去"。又王梦阮的《〈红楼梦〉索隐提要》一书中也曾说："《红楼》一书，内廷索阅，将为禁本。雪芹先生势不得已，乃为一再修订，俾愈隐而愈不失真"。这些虽都语焉不详，此中正透露出这个重要的消息。

《复活》中有很多极激烈的言辞，当年遭到沙俄统治者的横加删砍，自是情理中事。随便举其中一个例子，如第二部第四十章里，托尔斯泰说当时那些省长、狱长、警察等"丧失了做人的主要品质","那些人比强盗还要可怕",甚至说比布加乔夫和拉辛（此二人是俄国十七八世纪的农民起义领袖）"可怕一千倍"。由此,不但小说遭到了斧削,作者本人当年也受到种种迫害。至于曹雪芹和他的《红楼梦》的遭遇如何,我们所知甚少;《红楼梦》未经"删削"之前又是怎样的原貌,更不得而知。幸喜今天还存留一些较早的抄本（八十回本）,因此多少还能窥测到一点《红楼梦》原作的真貌。对于程伟元、高鹗的续书部分（后四十回）,姑不遑评议其得失。但不管怎样,因非原作,就难以凭信。而目前根据极稀少的材料知悉曹雪芹生前极为困厄,以至早夭,也很难说他不是因为创作《红楼梦》的缘故而遭到迫害所致。

《红楼梦》比《复活》早一百余年,两者的社会生活基础亦有所不同,前者处于一个末期封建社会,后者已是一个成熟的资本主义社会了。尽管如此,托尔斯泰还是逢到了那样的遭遇,而曹雪芹的处境自更毋庸讳言。以《复活》之被删削的命运来推想《红楼梦》目前所存的本子（八十回本）的性质,——它已是一个被摧残而再难复原的终身残废了。恐怕我们再难见到八十回以后曹雪芹原稿的真貌。"脂批"中给我们透露的后数十回中的描写,是十分惊心动魄的,贾家的破败极为悲惨（这同今天所见的高续有霄壤之别）。那么,书中原先是否也会有类似托翁在《复活》中喊出的那种疾首痛心的言辞,甚为难说,只是现在已经无法得知了。

然而,曹雪芹尽管在那个处境下而未能在《红楼梦》中畅所欲言,他为了能让这部书生存下来,不得不"一再修订,俾愈隐而愈不失真"。书终于保存下来了,但残存下的八十回文字也只能以一种"反逆隐曲之笔"（"脂批"中语）以言"情"的特殊形式表达之。这就苦了读者,特别是后世的读者,对其中许多文字必须细心去琢磨才能解得真谛。这恐怕也正是今天我们对《红楼梦》的研究和理解之困难的一个很大的原因罢。

可见,《红楼梦》和《复活》同样遭到过被残暴宰割的厄运,正是因为他们所言之"情"都远远超出了两性关系的范围。

（三）

《石头记》"甲戌本"末尾有一跋（署名"青士、椿余"）中说：

"《红楼梦》虽小说，然曲而达，微而显，颇见史家法。……"

这个评语很对，抓住了雪芹的艺术手法的主要特点——[《红楼梦》所表达的思想是含蓄的、隐寓的，处处让人物形象、故事情节间接地代作者说话。即使作者自己忍不住跳出来发一点议论时，也要带上一个"警幻仙姑"、"空空道人"等面具，话也讲得旁敲侧击，不愿开门见山（如前述"意淫"之论）。当然，也许曹雪芹当年万不得已才如此的（他不大可能像托尔斯泰那样直言不讳，因为当时中国的社会比沙俄时代还要落后）]。脂砚斋可能看到书中有些地方实在过于隐晦，甚至故弄玄虚，如第一回中说的："虽其中大旨谈情，亦不过实录其事"之类的话，脂老先生遂在眉批中点明了这一点：

"这是作者用画家烟云模糊处。观者万不可被作者瞒蔽了去，方是巨眼。"（见"甲戌本"，第一回"眉批"）

明明白白提醒读者必须反复咀嚼，不可浅尝辄止，不要停留在表面文章上。《石头记》的这种艺术特点是其长处，然而从另一角度言，亦未始不是它的短处，因为随着不同的读者，不同的思想水平，读时会得到不同的印象，获得不同的理解。就是前面曾提到的那位"二知道人"，同在他那本《红楼梦说梦》里又说过：

"览过《红楼梦》后，萦念其珠围翠绕者，钝根人也；览过《红楼梦》后，顿悟其"色即是空"者，解脱人也。"

且不说这位"二知道人"的结论做得对不对，但他指出有些"钝根人"只能被其中一些花花绿绿的表面东西所吸引住，从而不能深入内里去抓住《石头记》这部书真正的思想底蕴，这一点还是对的。

浏览一下古往今来浩如烟海的文艺作品，描写两性之"情"这个题目的作品占的比重是相当的大，人们不但写不厌烦，也写不重复。除了那些不登艺术之堂的肮脏猥秽的黄色作品，以及另一些难入文学之林的庸俗浅薄的言情小说，古往今来以两性关系为题目的真正的文学作品，它的真宗旨从来也不是单纯地表现两性关系或"爱情"。文学的基本对象是人，是人的社会生活，是人和人的社会关系。而最基本的人与人关系的社会"细胞"之一，就是两性关系，这个细胞又往往集中地体现了本质性的社会关系（在原始社会到阶级社会的转变时期，最早的阶级压迫和剥削，即体现在男性对女性的奴役这种历史事实上）。各种不同的社会机体有着各种不同的细胞。解剖一个细胞，由小而见大，缘微以显著，历来许多文学作品总喜欢借两性关系的题目来申述社会问题，借此议论他们那个时代普遍性的人与人的关系。这不是偶然的现象。《复活》是如此，《红楼梦》亦是如此。即使我们撇开这两部作品中那些远远超出了两性关系的宽阔的生活面的描写，仅就男女主人公的离合悲欢的故事来看，所表达的内容也已经超出了两性之"情"的范围。两性关系在不同时代的不同社会中都寓有历史的、阶级的内容，历来一些优秀的文艺作品，也常常有意无意间触及到这个实质性的问题。

在封建社会中，以"父母之命、媒妁之言"的形式结合的两性关系，实质上体现了封建阶级的社会关系。在那个社会制度下，谁的思想和行动要是逾越了这个规范，就不能为社会环境所容。因此，像《红楼梦》中所讴歌的贾宝玉、林黛玉之间的爱情关系，在封建阶级中是不存在也是不允许存在的。曹雪芹以惋惜的心情抒写了宝黛的爱情悲剧，写得那么动人感人，本身已是对当时的社会制度的默默控诉；同样，托尔斯泰在《复活》中谴责了男子对女子"始乱终弃"的恶行，正也是批判了合乎资本主义之理的社会关系。两性关系和"爱情"的描写，在真正的文艺作品中的地位，从来不是像包裹在糖果上花花绿绿的纸衣，它不是游离于其内容之外徒作引人注目的装饰物和掩盖物之属。

　　然而，《红楼梦》和《复活》，其中描写的生活面，又远远超出了两性关系的范围。在《复活》中，随着故事情节的展开，卡邱莎蒙冤下狱，又被流放。正是这样一个情节的开展，聂赫留朵夫为了营救她而到处奔走上诉，最后一切无效，只得陪同她一起去西伯利亚流放地。这个巧妙的处理，使读者随着书中男女主人公的种种经历而广泛地巡视了沙俄时代广大的社会生活面。——从城市到农村，从京城到外省，从官僚贵族的客厅到农民的茅舍，以至法庭、监狱、到最下层的囚犯流放所，由此让读者看到了形形色色的各个阶层的人物。作者用巧妙的手法描写了贵族与农奴、损害者同被损害者的强烈对比，特别是监狱和流放所的黑暗内幕，种种惨相跃然纸上，令人震骇。这些都是通过小说中男女主人公活动的主线串联起来，组成了一个天衣无缝的艺术整体。而《红楼梦》所用的也是相同的艺术手法：——宝黛爱情的主线是全书的中轴，随着这个主要情节的展开而开展了宁、荣二府乃至四大家族的广阔的生活画面；笔锋延伸之所及，上达宫廷宗室，下至荒村茅舍，皇亲国戚，达官贵人，家奴村妪，贩夫走卒，构成了一个封建时代庞大的社会生活的艺术缩影。在现存的八十回（脂评本）中。也已经无情地暴露了地主贵族老爷的冷酷伪善，灵魂空虚和荒淫无耻，对比着一大群被压在下层无辜被欺凌的奴仆的悲惨遭遇，凡此种种，也已能窥见作者的思想态度。但令人遗憾的是，书到八十回戛然中止，就使后人只能永远"恨全豹未窥，结想徒然"了。

　　不错，对《石头记》八十回以后的内容，我们确是"结想徒然"。但是，现在根据第五回梦境中的诗词曲文，以及后人笔记中提到的情况，特别是"脂批"中提示的后数十回"遗失"的原稿，我们还可以粗略推测《石头记》全文的原貌：八十回之后，大故迭起，元妃死后，贾府被罪抄家，凤姐、宝玉一干人都曾下狱，后虽得释放，但贾家的败落已无法挽救。"脂批"中提到宝玉"寒冬噎酸薤，雪夜围破毡"的情节，及"狱神庙红玉、茜雪一大回文字，惜迷失无稿"等等。后人笔记中又提及宝玉曾沦为"看街兵"、"击柝之流",最后一把火烧光了宁、荣二府,宝玉"悬崖撒手",了结全书。

从上面所述的情况看来,曹雪芹原作八十回以后的文字,已经大大越出了大观园的高墙,因此它铺叙的生活画面肯定比程、高的伪续要广阔得多。它原先可能会较细致地描述下层社会的一些悲惨的生活境况,涉及那个社会的许多阴暗角落。我们读了《复活》就能得到很多启发,托尔斯泰描写沙俄社会的法庭、监狱、囚犯流放所等一些章节,多么令人触目惊心。于此设想,焉知曹雪芹在叙述宝玉等人在监狱的情况时不涉及它的黑暗内幕?监狱原是阶级社会中的一个大痛疮,是阶级压迫最集中的一个形式。托尔斯泰大胆碰了它一下,引起了沙俄统治者的暴怒,坚决不能容忍。因此我们不要天真地相信脂砚斋说八十回后"狱神庙一大回文字,被借阅者迷失"那些话,那是脂老兄的委婉之词,实情不便(更不敢)明说罢了。

在我们的方块汉字中,"情"字也同样有广义狭义之分。最狭义的是男女之"情";再宽一点,所谓"七情六欲",那是心理学的角度的说法了;推而广之,更泛义的所谓"人之常情"。也就是像托尔斯泰说的:"相互的爱(情)是人类生活的基本法则",那已是一个伦理概念甚至是哲学的概念了。《红楼梦》同《复活》一样,既描写两性的关系,又触及到广泛的人与人的社会关系。因此曹雪芹所谓的"情"、"痴情"、"意淫"等等,既为男女之"情",同时又涉及较宽泛的"人情"。两者的关系,就像套在一起的大小二个圈圈一样。

但是,无论曹雪芹或托尔斯泰,他们所提出的"情"字,又都有他们的特殊历史内容、特殊的时代标记。托尔斯泰主张人与人之间应有"相互的爱(情)",他谴责有些人"把人当做物品一样",以致"丧失了做人的主要品质,丧失了相互之间的爱和怜悯,那却是可怕的"。托尔斯泰这个思想表现在《复活》中愈到末尾愈为深刻而激烈;但是,《红楼梦》却是个"断尾巴蜻蜓"，曹雪芹之言"情"，我们已难窥全貌。尽管如此，在现存的八十回中，还是能看到曹雪芹称颂的"意淫"同"皮肤滥淫"的尖锐对立。如贾琏、贾珍等人的淫乱生活，在封建统治者眼中是合乎大经地义的，而对宝玉、黛玉等的爱情关系，反倒看作离经叛道的大逆之事。而且，贾宝玉、林黛玉两人对待社会生活的各个方面，又都有他们独特的见解和感情态度，与大多数"皮肤滥淫"之辈也都违背不群。以致这种特殊的"情"，在当时遂不免惊世而骇俗，招来"百口嘲谤，万目睚眦"了。

（四）

本文之所以将《红楼梦》同《复活》相提并论，只是因为两者在某些方面有相似之处而不是说它们完全相同。总括起来看，可归纳到以下两点内容：

首先，从这两部小说的情节结构来说，都是以两性关系的描绘作为主要线索（虽然具体的情况并不相同），笔锋延伸开去，触及到社会生活的各个方面，以及更宽广的各种社会关系。它如像蛛网一样，从一个中心点向四周辐射，构成了一个十分有规则的整体，寓杂多于一统，纹丝不乱。这种特殊的艺术形式结构，一般地说只有在长篇小说中才能应用（因为只有它的篇幅才能有这样的容量）。正由于这个客观条件，遂使《红楼梦》的丰富深刻的思想内容大大超过了历史上以两性关系为题材的许多作品。

我们常常说，《红楼梦》继承了从王实甫的《西厢记》到汤显祖的《牡丹亭》这一脉传统。这不仅仅是说它们都以爱情故事作为题材，更重要的，在爱情的描写中又包含着更深的社会内容——主张婚姻自主和反对封建礼教的思想性质。但是，我们还不能忽略掉，《红楼梦》又有同《西厢记》、《牡丹亭》之类作品相异的一面。正是这一面，才使《红楼梦》在继承传统的基础上又远远超过了前人。

《西厢记》及《牡丹亭》之类作品的情节结构是单一的。除了它的爱情故事，描写的笔墨并未支蔓出去，没有去触及更宽阔一些的生活画面（当然这些作品的篇幅也不允许）。但是，《红楼梦》则不然。以宝黛的爱情故事为中心线索，旁生出许多对当时整个社会生活的各个方面的描写（这也只有长篇小说才允许）。我们之所以又把托尔斯泰的《复活》引作比较，首先也正是因为这一点相似；而更重要的，这个相同之中也有不同：——《复活》虽经"删削"过，但后来恢复了原貌，而《红楼梦》之被"删削"，却成了一个永久的残废。《复活》中被删削过的内容，我们已知，是涉及帝俄社会黑暗状况的尖锐批判，而《红楼梦》残缺的部分，现在却是由后人续上一个不伦不类的尾巴，——原貌已无由得知。因此，从《复活》的这个情况来联系、推想《红楼梦》缺失的后数十回文字，当也类似《复活》中曾遭删削的内容，是极严重的"伤时骂世"之笔，故而不能为时世所容。因此，我们必须充分重视这一特殊现象，此其一。

其次，援引《复活》作借鉴的另一更重要之点——它有助于理解曹雪芹一再渲染的那个"情"字的具体内容。

曹雪芹笔下的那个"情"字，一开始就是非常含蓄的。从全书开卷时刚宣说此书不过"大旨谈情"，脂砚斋就悄悄跟读者耳语，叮嘱大家要注意作者"狡猾之甚"的笔墨。到第五回时曹雪芹又拈出了那个"意淫"的奇语，事情更为清楚：——"淫虽一理，意则有别"，这不是明明白白告诉读者，这个所谓"情"字，不能仅仅从狭义的男女之"情"的角度去看待它。统观《红楼》全书，一以贯之的特点是笔调躲躲闪闪，吞吞吐吐，欲言又止。可见曹子原有难言之隐，是很不得已的。从这一点上，我们再去引鉴《复活》中对"情"字的阐发，事情几乎就豁然开朗了。托尔斯泰很明确地从两性之"情"联系到"精神的人"，再进一步引申、发挥到"相互的爱就是人类生活的基本法则"的大段说理文字（见本文第一节所谈），极其清楚地可以看到托翁对"情"的涵义的解释：——两性之"情"是狭义的，它原是包容在人类普遍的人"情"（性）之内的一个组成部分。正因为两者的自然关联，托尔斯泰在《复活》里才由此而及彼地作了深入的阐发，从两性之"情"开始，终止于极宽广的一切人与人之"情"——由文学而阐入了哲学和伦理学。

长篇小说之"长"，是它极有利的条件，不但可以容纳较多的形象描绘，而且，还可以容许其中掺入一些不至损害它的艺术性的某种逻辑说理。我们稍微注意一下托尔斯泰作品的这个独有的特点——连篇累牍枯燥的说理文字的出现，并不稀见（但巧妙地通过书中人物的心理描述的方式）。如前文引到那段关于"相互的爱是人类生活的基本法则"的宏论，就占了好几页。这种情况如果在中短篇小说中，就难以想象它能获得良好的艺术效果。而在托尔斯泰的一些巨作中，这种枯燥的抽象议论非但没有吸干那些丰富生动的形象描绘；而且，在一定程度上它反而能起到一种"画龙点睛"的作用——形象的某些不确定性和模糊暧昧之处，一下子被这些确定的概念疏解了，清楚地露出了它们的内在涵义。《红楼梦》中虽不是绝对不见此法，但毕竟不多，更何况《红楼梦》又是劫余之物。正因其残缺之故，这个断语就更难遽下了。

这里无意妄加猜测，说曹雪芹原来也像托尔斯泰那样，喜欢在小说中加进大段说理文字——只是后来被删去了。但引鉴《复活》中这个特点，却可以使我们在探索《红楼梦》的某些内容时借得一星烛火。当托尔斯泰形象地描述了一系列人残害人的感性现象之余，提纲挈领地指出了有些人"把人当作物品一样"对待，"丧失了相互之间的爱和怜悯"，"丧失了做人的主要品质"等等。我们不妨可以借用这些观点来照看《红楼梦》中某些形象的描绘。例如在曹雪芹笔下，也描述了四大家族的衣冠纨袴人物在府内府外种种吃人的行径。对此，曹雪芹显然也是持否定和批判态度的。这不是也包含着反对"把人当作物品一样"，和指责这些人"丧失了相互之间的爱和怜悯"的思想和见解么？然而在曹雪芹的时代，在这两种人之间，表面上还罩着一件"主子"和"奴才"，"贵胄"和"下贱"的封建关系的外衣。曹雪芹在那样的历史条件下能大胆地对这种人残害人的现象提出异议，而且竟然无视这个厚重的封建关系的外壳，显然又比托尔斯泰更胜一筹。这是不能不引起我们相当重视的问题。

人与人之间应有一种平等互爱的关系。不能把人当作物品一样对待，加以玩弄或损害——这也许可以说是曹雪芹和托尔斯泰不约而同提出的一个基本思想和原则。无论是两性之间的关系，乃至扩大到一切人与人之间的相互关系，都是如此。这就是从曹雪芹到托尔斯泰殊途同归地提出的"情"字的基本内容。这个所谓"情"字，又标志着人类在一定历史条件下所能达到的最先进的思想——一种悲天悯人的"人道主义"的精神。

然而，不管是曹雪芹或托尔斯泰，他们的思想当然都是处于一定的历史局限之内的。尽管他们的眼界之深广，精神境界之高尚，远远超出了他们的同侪之上，但终究不能越出历史给他们划下的界限。过去有的同志在评论《红楼梦》时往往说什么："通过这些揭露和批判，了解了封建阶级的本质"等之类的话。其实这种说法并不确切，曹雪芹恐怕不可能"了解"到封建贵族的"阶级"的"本质"。

无论是曹雪芹或托尔斯泰，他们对阶级社会的痼疾的感觉是敏锐的，批判也很痛切，认识的深度又大大超过了前人，但这些决不等于认识到了"阶级"的"本质"。我们今天的人，当掌握了马克思主义的阶级观点，再去阅读这些作品时，才能悟解到书中描述的这些现象原是一种阶级压迫的关系。然而这决不等于那些作品的作者在当时就有同我们今天一样的认识水平。这一点差别不加注意，文艺评论工作难免会出现不符实际的错误意见，——不恰当地夸大一些古典作品的思想意义。事实上，和马克思同时代的一些法国资产阶级的历史学家如基佐、米涅等，他们的史学著作中甚至已用了"阶级"的名称，尚且还不是"阶级论"。他们并没有能真正了解"阶级"的"本质"。更何况曹雪芹的时代，更是超越不了一定的历史局限的。

也许有的同志大不以为然，他们会跳起来嚷嚷："这么说，你主张《红楼梦》是'人性论'的文艺标本啰！这不是全盘否定这部伟大的小说么？"胡说，马克思主义的经典作家从来也没有说过凡"人性论"一概都是反动的东西，要统统"打倒"。拿西方资本主义社会中产生的"人性论"来说，也不仅仅只有初期的"人性论"才有历史进步性。到了末期，也应该具体情况具体分析。不能搞出一个公式，说什么资产阶级（或封建阶级）的意识形态前期都是进步的，后期都是反动的，等等。如果按照这种教条，我们今天就无法去正确理解像《红楼梦》或《复活》之类作品——要么，把它们都当作"反动"的人性论而否定之；要么，压根儿否认它是人性论。不是人性论，那就只能是阶级论了，这样，曹雪芹就只能成为能够深刻了解"阶级本质"的思想家了。仿佛已同马克思并驾齐驱了。显然，这种看法是大有可商榷之余地的。

事实上，我们今天也都肯定托尔斯泰的"人性论"有进步意义。既然谁也没有把他的思想当作"阶级论"看待，那么，又为何非得要对曹雪芹作相反的要求呢？（何况曹子又比托翁早了一百多年）。这实在是令人百思而不得其解的古怪事情。

1979 年 7 月稿

1980 年 2 月 28 日修订

1980 年《红楼梦学刊》第 3 期（百花文艺出版社，

第 65—83 页）发表

五　马克思主义和贝尔美学
——答羿斌先生

（一）贝尔美学同马克思主义"对立"吗

羿斌先生批评笔者在探讨中国画的美学性质时引用了克莱夫·贝尔的某些美学观点（羿文：《也论程式化》，见《美术观察》1996 年第 3 期，拙文《论程式化》刊于《美术研究》1993 年第 1 期）。对于贝尔的全部美学学说的是非曲直，尚需从学术的角度作深入的探讨，但绝不能像羿斌那样简单化、武断地判断它是一种"和马克思主义对立的东西"（见于羿文：《也论程式化》）。然而，羿斌把贝尔美学称作同马克思主义相"对立"的说法却不是他的发明创造，是大有来头的，那就是苏联 20 世纪 30—50 年代某些自封为天下唯一正宗的《马克思主义者》如米丁、法捷耶夫、涅陀希文等政客文人编造的所谓"马克思列宁主义美学"理论。想当年，他们不仅把别国的许多学者和艺术家都称作"同马克思主义对立"的"资产阶级"分子，其学说当然全都是"唯心主义"、"形式主义"等等；而且，对他们国内许多同胞——苏联的某些和他们意见相左的艺术家和学者也毫不留情地扣上"反马克思主义"的政治帽子而流放或枪毙达千百人之多（最著名的如戏剧家梅耶荷特）。从 20 世纪 50 年代开始我们国内有些热衷于学习苏联的这种"先进经验"的人在康生、江青等人教唆之下，写文章也动辄给人扣上"反马克思主义"、"反社会主义"等政治帽子；但在数十年的今天，这号人的气焰显然已不如往昔了，已不敢公然给人随便扣上"反"字号帽子，于是只得改成"对立"等稍温和一些的字眼并哀叹回天无力了。

闲话免赘，言归正传。笔者引用贝尔的某些学术观点作为研究中国画的借鉴或甚至方法，凭什么说是"对立"于马克思主义的？这里涉及一个普遍性的问题——是否马克思主义之外的现代西方的一些思想学术观点或学派必定是"对立"于马克思主义的？这是必须辨明的一个大是非问题。

马克思主义是科学，这是从马克思到毛泽东都说过的。而"科学"的唯一内容是客观真理，是同宗教迷信相对立的。把马克思主义当作宗教教条，是一切教条主义的"马克思主义"的根本性质，这是毛泽东在 40 年代就明确指出的。马克思主义之所以成为"科学"，只是因为从总体上正确地认识了客观世界的某些真实性质及其本质和规律。从这个角度来说，判断一切学术观点的唯一准则，应看它所说的是否是事实和真理，又只有实践才是检验真理的唯一标准（邓小平语）。如果某种学说说明了一些客观真实的事实和真理，那么，它不仅不会是"对立"于马克思主义而是符合于马克思主义的，因为两者所探求的正是同一个客观真理。科学领域（学术研究工作）只有"真"、"谬"之分，根本不可能存在什么"反"不"反"的问题，那只是苏式政治流氓的流氓政治原则而已。

稍微懂一点马克思主义常识的人都知道，马克思主义的科学学说，其中无条件地包容了许多资产阶级思想家和学者的研究成果（见列宁：《马克思主义的三个来源和三个组成部分》）。马克思从不讳言"剩余价值"理论不是他的发明创造，而是英国资产阶级的政治经济学的历史功绩；辩证法也不过是批判地继承了黑格尔的唯心主义哲学中的精华部分；甚至"阶级"和"阶级斗争"的理论，也还是那些镇压过巴黎公社起义、双手沾满了无产阶级鲜血的反动官僚基佐等人首先发现的。马克思明确指出："无论是发现现代社会中有阶级存在或发现各阶级间的斗争，都不是我的功劳。在我以前很久，资产阶级的历史编纂学家就已经叙述过阶级斗争的历史发展，资产阶级的经济学家也已经对各个阶段作过经济上的分析。"① 因此，不下功夫好好研读马克思主义的经典原著，光凭一些道听途说便信口雌黄，这绝不是马克思主义的学风。

众所周知，马克思主义的理论体系包括三个部分：历史唯物主义哲学、政治经济学、科学社会主义学说。虽然马恩发表过一些对文艺问题的论说，但一些观点大都散见于某些信札之中，不成系统。有人曾说"马克思主义美学"或"文艺学"是一个"完整体系"，这是一种夸大的溢美之词。虽然苏联某些政客文人如涅陀希文等编著的大厚本《马克思列宁主义美学原理》之类多如牛毛，篇幅浩繁，那只是他们断章取义地根据马恩的个别语句随意附会、引申而胡编乱造出来的一个庞大的"完整体系"，同马克思主义风马牛不相及。马克斯、恩格斯谢世之后，较好地应用马克思主义哲学（历史唯物主义）去研究文学艺术现象的人是普列汉诺夫，但他的有关著作和文章亦不太多，也够不上什么"体系"，充其量也只是涉及艺术（审美意识）与客观社会主义生活之间的一种所谓"外部"的关系；长期以来对于艺术"本体"的研究仍付阙如——诸如艺术"内容"和"形式"问题、"题材"及"风格"问题，等等，普列汉诺夫的一些专著如《艺术与社会生活》等也都涉及不深。因此，美学或艺术学中有许多重要的问题，马克思主义的创始人都无暇顾及，我们当然无法从他们的著作中去找到明确的答案。因此，我们后人也只能依照唯物主义哲学的一般原则，通过对艺术实践活动和审美心理活动的种种现象的研究、分析，以求认识其中的客观本质和规律性。在这个过程中为避免走弯路，我们就不得不从马克思主义著作以外的有关美学和艺术学研究的大量思想材料中寻求可资借鉴之处。笔者把本世纪初的贝尔的美学著作中的某些见解作为参考，并取其精华，弃其糟粕。只要他的某些说法符合于客观事实和真理，也就应该

---

① 　马克思：《致魏德迈》，《马克思恩格斯选集》第 4 卷，人民出版社 1995 年版，第 547 页。

说是符合马克思主义的。

羿斌先生说笔者从十多年前至今一直应用的唯一美学观点是贝尔所提出的，而且说什么"把这种和马克思主义对立的东西捧出来，宣称是他全部理论的基础"（见《也论程式化》）。这句话完全是造谣，笔者从来没有"宣称"过贝尔美学是笔者"全部理论的基础"。事实上，笔者凭借前人的研究成果和思想材料远远不限于贝尔的美学，还有现代西方的卡西尔——苏珊·兰格的"符号美学"、克罗齐——柯林伍德的"情感表现"观点，以及索绪尔的"语言符号学"、"格式塔"心理学等；当然，笔者也没有忽视过从古希腊的柏拉图、亚里士多德，直到康德和黑格尔的德国古典美学。但更重要的是，笔者最早资借的美学理论却是我们自己的传统美学中的"比兴"学说。长期以来，笔者通过美术创作的实践和理论研究，从上述诸多中西美学学说中发现某种带有普遍性的观点，因此笔者在十年前撰写的一篇拙文中说过："在我国古典文艺理论中有较符合于艺术活动的客观事实的理论解释，这个理论，传统的说法即谓之'比兴'。……有趣的是，如果我们用'符号学'这种最新的西方学说去分析艺术问题时，我们将会发现，它竟和我们最古老的传统艺术理论——'比兴'之说——殊途而同归了。……由此看来，我们从'比兴'理论和现代西方的'符号学'之间可以找到一个共同之点"。① 这个"共同之点"，在笔者看来正是"审美情感"（艺术的"内容"）和形象性的"符号"（艺术的"形式"）之间的一种"比兴"性的审美组合②。但是，相对地说，西方现代美学比我们的传统美学中的论说较为明确具体，这正是笔者更多地借用西方现代美学的

---

① 见拙文《艺术创造的审美心理结构》，刊于《美学研究》创刊号（1988 年 1 月），这一观点，笔者最早是在 1978 年撰写的一篇拙文提出的（《线与点的交响诗——漫谈山水画的美学性格》，刊于《美学》季刊创刊号，上海人民出版社 1979 年版）。而笔者引用贝尔的某些说法，那是 90 年代的事情。

② 见拙文《艺术创造的审美心理结构》，刊于《美学研究》创刊号（1988 年 1 月）。

某些观点及术语的真正原因。而其中尤以贝尔直接论述的是有关美术的理论，更便于有效地说明中国绘画的某些美学性质。上述这些问题，在马克思主义创始人的著作中都是找不到答案的。

羿斌先生说笔者只是"口头上承认"他们所说的那个"马克思主义"。完全不对，笔者不但从未以任何方式"承认"过他们，而且正相反，笔者从来都认为必须把他们那种"教条主义的'马克思主义'"（毛泽东语）的理论垃圾完全彻底地从地球上清除干净。

（二）何谓"意识形态性"

羿斌先生给笔者列出的第二条"对立"于马克思主义的罪状是反对艺术的"意识形态性"。他说："至少有一点是'苏式教条主义者'承认而我们也不能抛弃的，那便是艺术的'意识形态性'。徐先生把他们承认的东西一概视为'理论垃圾'，……是不是意在把艺术的意识形态性也视为垃圾而清除?"（见《也论程式化》）。

不错。既然羿斌承认他所说的"意识形态性"正是苏式教条主义者所用的同一概念，那么，这个"意识形态性"的概念和理论当然也是"教条主义的'马克思主义'"，它根本就"不是马克思主义"。[①] 可见，这更是假冒伪劣货色，必须从地球上彻底清除干净，不能有丝毫保留。因为苏式教条主义所用的"意识形态性"概念中的内涵，同马克思主义原有的涵义是不相同的，不能混为一谈。

要拆穿"假李逵"和"六耳猕猴"的鬼蜮伎俩，唯一的办法是把真李逵和孙悟空请出来。

马克思主义的历史唯物主义哲学认为艺术是一种"社会意识形态"，是属于上层建筑的范畴。所谓"上层建筑"只是一种比喻的说法，它相对

[①]　毛泽东：《在延安文艺座谈会上的讲话》，《毛泽东选集》第三卷，人民出版社 1953 年版，第 875 页。

于"经济基础"而言——没有"地基"是不可能往上盖房的。作为"上层建筑"之一的"社会意识形态",正是建立于"经济"生活的地基之上的东西（过去有人认为意识形态不属于上层建筑的范畴,这种见解是错误的）。这首先表明了两者的主从关系——"经济基础"派生并"决定"了上层建筑（意识形态）的历史性质；同时,"上层建筑"又反过来为它的经济基础服务,即一种所谓"反作用"的性能："……意识形态观点的那种东西——又对经济基础发生反作用"。[①] 这就是恩格斯曾多次强调指出经济基础和上层建筑两者之间的一种"互相作用"的辩证关系："政治、法、哲学、宗教、文学、艺术等等的发展是以经济发展为基础的。……这是在归根到底总是得实现的经济必然性的基础上的互相作用"。[②] 上述这段话中包含了一层容易为人忽略的意思,那就是说"上层建筑"的"反作用"性质是不能过分夸大的,"经济基础"总是第一性的东西。但是,后来斯大林却提出了一些不同的新观点,夸大了它对经济基础"反作用"的性质。他认为"上层建筑"只能对"经济基础"产生一种单一的"巩固"作用,以取代原来恩格斯说的"反作用"的性能。斯大林说："上层建筑是由基础产生的,但这决不是说,上层建筑只是反映基础,……对制度的性质是漠不关心的。相反地,上层建筑一出现,就成为极大的积极力量,积极促进自己基础的形成和巩固"。他又说："基础创立上层建筑,就是要上层建筑为它服务,要上层建筑积极帮助它形成和巩固"。[③] 以上所有引文中的重点均为引者所加)。可见,斯大林把上层建筑为经济基础"服务"的

---

① 恩格斯:《致廉·施米特》,《马克思恩格斯选集》第4卷,人民出版社1995年版,第702页。

② 恩格斯:《致瓦·博尔吉乌斯》,恩格斯:《致廉·施米特》,《马克思恩格斯选集》第4卷,人民出版社1995年版,第732页。

③ 斯大林:《马克思主义和语言学问题》,《斯大林选集》下卷,人民出版社1979年版,第502页。

性质狭隘地断定为一种单纯的"巩固"涵义；其实，"服务"这个语词不可能简单地成为"巩固"的同义词。—混淆遂导致思想大混乱。当时（20世纪 50 年代）在苏联的文艺领域就引起了一场理论错乱，记得当时有些文学史研究者根据斯大林提出的这个"巩固唯一论"的新观点去重新阐释西方文学史时，推绎出一个令人哭笑不得的逻辑结论——他们说资本主义社会中出现的所谓"批判的现实主义"文学不能算作资本主义的上层建筑，而只能归入社会主义社会的上层建筑，因为斯大林说凡"上层建筑"一律都必须是积极"巩固"而不能起消极"破坏"（批判）的作用。同时，这个"巩固唯一论"又直接造成了苏联的文学创造中的"无冲突论"（粉饰现实）的恶性泛滥。这个"巩固唯一论"对我们国内的影响也同样十分巨大，十年内乱时期除了"样板戏"、"样板画"之外的文艺作品一概被禁止，理由无非是它们不能"为社会主义服务（巩固）"。而最明显的事例又莫过于他们禁绝了漫画创作，因为漫画的自然本性就是只会"暴露"而不能"歌颂"（即所谓"给社会主义抹黑"）。

今天回过头去看，马克思、恩格斯对上层建筑和经济基础用"反作用"或"互相作用"的说法是十分准确和科学的[1]。我们今天广用的"文艺为社会主义服务"口号中的"服务"一词，其涵义当然无条件地应是马克思主义经典原著中的"反作用"之说，而不能篡改成为苏式教条主义的"巩固唯一论"，因为它正是有些人为了党同伐异而手中至今不停地挥舞着"不能为社会主义服务"、"不利于社会主义"，或甚至"反社会主义"等帽子棍子式文艺评论的最基本的理论根据。

事实上，在人类历史长河的各个时代、各个民族国家的文学艺术的活生生的历史现象之中。作为上层建筑对它们的经济基础产生的"服务"

---

[1]　毛泽东的著作中也同样应用"反作用"的概念，见《矛盾论》。《毛泽东选集》（合订本）人民出版社 1964 年版，第 300 页。

作用就是多种多样的：——既可以对它们的"基础"产生积极的"巩固"作用；有时也会产生逆向的消极作用（最突出的事例如资本主义社会中的"批判现实主义"文学）；同时，又存在大量既不产生"巩固"又不具备"破坏"作用的文学艺术的历史现象，例如山水花鸟绘画、书法艺术、抒情性的"纯"音乐、抽象绘画及雕塑等，都不可能包含明确具体的政治或道德宣教的内容，但它们也都是为一定的经济基础"服务"的上层建筑，任何社会形态都不例外。

马克思曾说："科学的入口处好比地狱的入口处"，它的动力是追求真理的使命感而不是个人名利的目的。美学和艺术学都是科学，科学的自然本性只是"实事求是"；科学研究工作又是要花大力气的，如要真正理解并掌握马克思主义哲学以指导人文科学的研究工作更是难上加难。奉劝那些口头上挂着"马克思主义"做幌子以"批判"别人的人，也该醒醒了。

（原载《美术观察》1996 年第 10 期）

六　论艺术创作的客观规律性

（一）"艺术创作的规律"和"艺术规律"不是同一个概念

我们常常说，写文章或说话都要符合"逻辑"（一般说就是指"形式逻辑"）。按形式逻辑的规定，"概念"可分为"外延"和"内涵"两个方面，"外延"和"内涵"的大小又恰成反比。举例说，"物质"的概念，包括世上一切存在的东西，因此"外延"极广；正因为它概括的东西太多，必然要舍略掉各种具体事物的特殊性质的内容，所以"物质"这个概念的"内涵"就极狭了。拿"矿物"的概念与之相比，"矿物"概念的"外延"就大大缩小了，因为它只是概括了"物质"中的一小部分，而"内涵"，则较之"物质"概念又大为丰富。因之，"物质"概念和"矿物"概念是不可相互混同的。上述的事例因为不甚复杂，所以不容易混淆。但在一些社会科学领域，特别是在文艺理论领域，不同系列和等级层次的概念则十分容易混同。例如"反映"的概念，原本是一个哲学概念，它必然舍略掉各种具体的精神活动的各种特殊性质。如果把这个外延极宽内涵极狭的"反映"的哲学概念教条主义地直接当作文艺学概念，就会造成许多理论上的混乱。同样，"意识形态"的概念也一样，从历史唯物主义哲学的角度来说，"文艺"是一种"意识形态"，但两者之间又不能画等号（"意识形态"除了文艺之外，还有科学、宗教、道德等）。前者（文艺）的"外延"及"内涵"同后者（意识形态）当然也有所区别。不正视这个差别，也会造成思想理论上的混乱，因为一般意识形态的普遍规律远远说明不了文艺的特殊规律。

根据以上所谈再进一步分析，**"艺术规律"**和**"艺术创作规律"**也当然是不能等同的概念。前者是从文艺学的一般性角度规定艺术和现实的反映（源泉）关系的概念；而后者则是从**艺术创作者**如何具体地进行**创作活动**的具体规律，其外延和内涵亦都有广狭之分，因此两者也是应有所区别的。

但是，长期以来我们有些同志往往不重视这种形式逻辑规定，运用概念时往往不严格确定它是属于哪一级的概念，其"外延"及"内涵"亦无确切的划定，因此常常把"反映"、"意识形态"、"艺术规律"、"创作规律"等全都简单化地一锅煮，于是在研究问题和讨论问题时滋生了种种混乱现象。譬如，有的同志从不过问艺术家的创作活动有些什么具体特殊的性质，而只是简单地把哲学反映论中那个高度抽象概括的"反映"或"意识形态"概念搬来**代替**（当作）文艺学概念，两者根本对不上号，因为两者的外延和内涵相差太悬殊了。说艺术是现实生活的"反映"，这虽不错（仅是"不错"而已），但它究竟怎样去"反映"的，具体特殊的细节内容如果都不闻不问，都不知道，这不成了空头理论么？这都属于不合"逻辑"的毛病，应亟求避免。

"艺术**创作**规律"的概念和"艺术规律"的概念是不相同的，两者的外延和内涵都不同——"艺术创作规律"概念的外延比"艺术规律"较小而内涵则较丰富，如果我们不正视这个差别，研究和讨论这些问题时就会产生种种混乱。例如多年来在"内容决定形式"及"自我表现"等问题上引起的争议，主要原因之一即在于混淆了一些概念的形式逻辑规定。各执一词的双方都从不同的方面、角度去考察和论述问题，殊不知他们所争执的对象并非同一个东西，于是往往变成了一场"三岔口"式的游戏。这样的争论是徒劳无效的。

（二）**客观规律和主观空想**

在探讨"艺术创作规律"之前，看来我们还有必要先谈一下"**规律**"（或"本质"）这个概念的一般涵义。这本应是个不成问题的问题，但事实上它的正确涵义今天还不是尽人皆知，因此这里不得不岔离一下本题，再唠叨一下这个"老生常谈"。

什么叫"本质"或"规律"？就是指事物在历史发展过程中的某些**必然性**和**普遍性**的因素。它是存在于一切事物中的一些**必定如此**和**普遍地如此**的因素，任凭历史现象不断演化，不断发展，但其中总有一些稳定不变的普遍规律，千变万化而不离其"宗"。例如构成生命现象的"蛋白质"，主要是由"氨基酸"分子所组成。而地球上自从四十亿年前开始出现生物至今，虽历尽了万千沧桑，但生命活动的最基本单元之一的"氨基酸"，它的基本性质（即"氨"和"酸"两种基因的化合物）却始终未变，恐怕也将永远不变。这就是生命中的一些"本质"和"规律"的东西。而我们说这种本质或规律是"客观"的，意思又是说，它不是人们的主观意愿所能左右的。人类决不能按照自己的主观愿望去"改造"事物的客观规律，而只能去正确认识事物**固有**的客观规律或本质，老老实实服从这种"天命"，因势利导，按客观规律办事。不然，客观规律就要惩罚人类，使他处处碰壁，什么事也做不成。马克思主义最透彻地认识到这一点，因此马克思主义是人类智慧的最高结晶。

但是，人类对于自然界的客观规律还是比较注意的，而对**社会规律**的客观性往往掉以轻心。

人们想要制服自然，让自然力为人所利用，首先要认识自然界的客观规律。人们筑坝造桥以驭服江河，一定要先懂得水流活动的规律性。如若不然，这些自然力非但不能为人所利用，反过来还会造成毁灭性的灾难。桥坝之类弄不好就要崩塌，就会死人，不能闹着玩儿，所以人们对此不大敢掉以轻心。但是在社会历史领域，特别是意识活动的领域，对它们之中的客观规律性往往容易忽视。列宁对这个问题讲得十分透彻："达尔文推翻了那种把动植物看做毫无联系的、偶然的、'神造的'、不变的东西的观点，第一次把生物学放在完全科学的基础上，确定了物种的变异性和承续性；同样，马克思也推翻了那种把社会看做可按长官的意志（或者说社会的意志和政府的意志，都是一样）随便改变的、偶然产生和变化的、机械的个人结合体的观点。第一次把社会学置于科学的基础上，确定了社会经济形态是一定的生产关系的总和，确定了这种形态的发展是自然历史过程。"（列宁：《什么是'人民之友'以及他们如何攻击社会民主主义者?》）在社会历史领域（人的有意识活动的领域），如同在自然界一样，也是按照它本身**固有**的客观本质和规律进行的，而不是听从人们的主观意愿随意自由行动的。所以列宁才称社会的活动也是一种"**自然历史过程**"。这是有极深刻的涵义的。

社会主义时代的文学艺术活动也仍具有一种不依人的主观意愿为转

移的客观规律，这一点常容易为人所忽视（苏联在 20 世纪 20 年代出现的"拉普"以及我国的"四人帮"，按他们主观唯心的愿望杜撰"无产阶级文化"，就是最典型的事例）。因此今天我们仍须不厌其烦地反复强调：不论什么时代的文学艺术，作为一种社会意识活动，它都是必然地有着一个不以人的主观意志为转移的客观本质和规律。如果我们无视文学艺术的客观规律而凭主观意志（空想）去胡乱实践（"四人帮"搞的所谓"文艺革命"就是一个瞎实践的"样板"）。虽然不至于引起像自然力失驭那样的毁灭性灾害，然而，任何违背客观规律所引起的后果都是一样的——都必定造成事情的紊乱，导致工作程序的破坏。违反艺术创作的规律性而创作出来的艺术作品，就会失去艺术品应有的本性和作用，其结果终将使观众不予理睬，鄙之又弃之。这就充分说明了艺术研究工作的重要性和必要性——进行科学研究，以掌握规律，然后才能指导正确的实践活动。

（三）什么是艺术创作的客观规律

现在让我们言归正传，进一步来探讨究竟什么是艺术创作的规律性问题？

古希腊人讲过一个有趣的寓言：仙鹤把食物装在瓶子里请狐狸去吃饭，结果只有它自己的长嘴能吃到。第二天，狐狸想了个报复的办法，它把食物平放在一个扁碟子上请仙鹤去吃饭，使仙鹤的尖嘴也无可奈何。日常生活中各式各样的用具，正是为了适应不同的用途而制造出来的。瓶子和碟子，正因其用途的不同而互异其构造和形式（内容**决定**形式）；但是，形式一旦固定下来，却反过去又**决定**了它的用途（装什么内容）。两者本是一种相互作用的辩证关系。我们不妨以此来引喻说明各种不同的艺术形式——某些形式对表达某种内容有局限性而对另一些内容却又能充分容纳和施展，而另外一些艺术形式则又反之。艺术世界中要表达的内容丰富多样，因此艺术的形式也是千变万化，各种不同的艺术形式正是为了适应不同的艺术内容而创造的，两者存在着相互适应又相互制约或"决定"的关系，这才应该说是艺术创作活动的一条最为重要的规律吧？尊重不尊重客观事物中固有的客观规律性，永远是区别唯物主义和唯心主义的分水岭。

从这个意义上说，"内容决定形式"和"形式决定内容"这两个命题都是正确的。两者是从不同的**范围**、不同的**条件**而言：——前者是从艺术"反映"（源于）生活的一般性角度而言；后者则是从各种具体特殊的艺术形式和种类，以及与之相适应的各种不同的艺术**创作**活动的具体条件（如文学、音乐、美术等）的情况下考虑问题的。试问，一个搞美术创作的人，他能不首先考虑他手中的艺术形式（美术）的具体情况（条件）而进行创作吗？这里，"形式"不正是对"内容"有着一定的"决定"（制约）作用吗？这不是一种客观必然的规律性么？

还有必要简单地谈一下"决定"和"制约"这两个概念的关系。这个问题原是已故的中央美术学院院长江丰先生提出来的。江丰先生的意见也是十分正确的。他认为："内容是灵魂，形式是躯体，……它们之间的关系往往是相互依赖的（当然也有不统一的情况）。'内容决定形式'在译法上自然还可以商榷。'决定'（define）译得太死，不如译作'制约'。形式当然会影响内容。**在某一特定情况下，形式亦制约着内容。**"（着重点为引者所加，见《中国画研究》第一辑，第 119 页）。根据这样的理论见解，本文中也是把"决定"和"制约"当作同义词来使用的，而并不认为两者是不同涵义的概念。如果这些问题弄清楚之后，事情比较好办，"决定"也罢，"制约"也罢，一切都依具体条件而定。

从唯物主义哲学的观点看来，世界上所有一切事物的现象都是彼此关联，相互制约的。每一个事物和现象的存在都是有条件的，是受着周围（空间）具体的、历史（时间）的条件所制约的。毛泽东讲得十分明确："生产力、实践、经济基础，一般地表现为主要的决定作用。谁不承认这点，谁就不是唯物论者。然而，生产关系、理论、上层建筑这些方面，在**一定条件之下**，又转过来表现其为**主要的决定作用**，这也是必须承认的。"① （着重为引者所加）。"内容决定（制约）形式"和"形式决定（制约）内容"，本是在不同条件下、不同的具体情况下对事物的相互关系的具体分析，因此不能把它们对立起来，并看成水火不相容的东西。

总而言之，世上万物——从自然界、人类社会，乃至意识活动的领域——都存在着不以人们的主观意愿为转移的客观规律性。艺术创作活动当然也不能例外。美学和文艺理论，正是一种严肃的科学研究工作（客观地以真理为唯一对象的"纯学术"），它要求我们运用正确的马克思主义的观点和方法去研究历史事实，从中找到不是主观臆测的客观规律性，才能有助于社会主义的文艺创作的实践活动。

（原载《艺术研究》（天津）1987 年第 2 期）

---

① 《毛泽东选集》（合订本），人民出版社 1964 年版，第 300 页。

七　京剧之路
——历史的回顾与前瞻

一、京剧是"歌剧"（兼舞剧），不是纯粹戏剧

西方人把"京剧"一词译为 Peking Opera（北京歌剧）而不是 Peking Drama（北京戏剧）基本上是正确的。笔者在十余年前发表的一篇名为《撷谈戏曲美学》的文章中曾指出京剧"已是'歌剧'而不是严格意义的'戏剧'（Drama）了。"[①] 因囿于篇幅而未及展开详论。其实，这个问题是有关京剧的美学天性的一个最关键性的问题，理应引起大家的深切关注。

然而，将近一个世纪以来，人们大都只是从狭义的"戏剧"（文学）的角度看待京剧，于是在实践中矛盾丛生，理论上舛误百出。最具典型性的事例可举《四郎探母》，该戏从 20 世纪 50 年代至 70 年代一直被认定为具有"反动"思想而遭禁。80 年代之初，有些人主张开禁，因而引起轩然大波，不同观点（有无"反动"内容）展开激烈争论。虽然双方视同水火又势均力敌，但有一点却是相同的——仅仅从文学（戏剧）的角度出发，争论的焦点集中到该戏是否为颂扬"叛徒"的文学内容。其实，争论这一问题是徒劳而无益的。京剧艺术的主要"内容"应是它的音乐（及舞蹈）形式之中所蕴含的某种"情感观念"（Aesthetic Idea，借用康德美学中的用语），而不是在它的人物形象和剧中所能表述的某种思想。《四郎探母》

---

① 《美学》第 4 期，上海文艺出版社 1982 年版。

不是有没有"反动"思想内容的问题，而是京剧这种独特的艺术形式能否表述得了"反动"思想的问题。

《四郎探母》的"折子戏"，从它问世之日起，深谙京戏的行家一致推崇它的优点是"唱腔优美，行当齐全"。过去从未有人理会过它有某种文学（政治性）内容。到50年代之初，笔者才破天荒头一次听说此戏有"反动"思想，会教导观众去叛国投敌；同时，又说光提"唱腔优美"而不问其政治（文学）内容，那是一种所谓"形式主义"或"唯美主义"的"纯艺术"观点，是必须"批判"的"旧"欣赏习惯或美学观点。

京剧问题，早在五四时期的胡适、傅斯年等人就已热切关注并提出讨论了。现在回顾起来，胡适等人当年对京剧的看法虽有偏颇之处，但也不乏可取之点。他们从宏观的、总体性的角度通览中国的戏曲历史演变，把京剧放在有机的历史联系中去考察，这种方法无疑是正确的。胡适发表在《新青年》杂志（第5卷第4期）上的文章，标题即为《文学进化观念与戏剧改良》，可见他们也是单纯地把京剧看作一种"戏剧"（文学）形式，理论上的舛误便由此而生。

从广义的"戏剧"发生发展的历史来看，早期的"戏剧"总是同"歌"及"舞"等混合在一起，随着时间的进展，"歌"与"舞"逐步分化出去，剩下来的就是纯粹的"戏剧"（文学）。这确实可以视作一种普遍性的艺术规律。如胡适指出："西洋的戏剧在古代也曾经过许多幼稚的阶级，如'和歌'（Chorus）、面具、'过门'、'背躬'（aside）、武场……等等。但这种'遗形物'，在西洋久已成了历史上的古迹，渐渐地都淘汰完了。这些东西淘汰干净，方才有纯粹戏剧出世。""在中国戏曲进化史上，乐曲一部分本可以渐渐废去，但他依然存留，遂成一种'遗形物'。"[1] 这个观点，傅斯年谈得更明确具体："戏剧歌曲进化的阶级，大略四层：（一）各样把戏和歌

---

① 胡适：《文学进化观念与戏剧改良》，《新青年》1918年5卷4号。

曲独立并存；（二）歌曲里容的把戏的材料，再略带上演些故事；（三）成了戏曲的体裁，故事重了，歌曲反轻了；（四）纯粹戏剧成立，歌曲又退出来，去独立了。这个情形，西洋如此，日本如此，中国已到了第三级，想来第四级也必如此。"①

胡适和傅斯年所谈的戏剧（文学）进化历史的道路，从普遍性的角度而言是完全正确的。但他们却不懂得一切事物除了具有普遍性（共性）之外，同时还具有各自的特殊性（个性）。中国艺术的情况并不排除世界艺术历史的共性——早期戏、歌、舞混为一体而后来趋向分离。而中国的戏曲艺术的独特道路却表现在：戏曲的晚近历史情况（明清）却并不是像傅斯年所说的"故事重了，歌曲反轻了"；恰恰相反，是故事轻了，歌曲反重了。而"纯粹的戏剧"则不是从戏曲中排除掉歌舞成分之后独立出来，而是到了现代，由借鉴西方的现代戏剧而重新创建一种崭新的纯粹戏剧（话剧）。中国的成熟形态的传统戏曲（昆曲、京戏）则逐步趋向于"歌剧"（音乐、兼容舞剧），"戏剧"（文学）的成分反倒趋向于萎缩了。这是一种历史的进步。但这样一种特殊性，并不背离艺术进化的普遍规律——先混合后分离独立。

二、歌剧是音乐，不是戏剧（文学）

在近代西方，歌剧作者和演员都是音乐家，而不是戏剧家，这一点从来没有引起过异议。但"歌剧"（Opera）中的"音乐"和"戏剧"两种成分的关系，在西方音乐史上却引起过激烈的争论，可见这是一个相当复杂的美学问题。我们不得不先费一些口舌来探讨这个问题，从而不得不暂时偏离一下探讨京剧性质的本题。

笼统地从原则上说，在艺术发展历史中，"剧"、"歌"、"舞"三者总是先"合"而后"分"，但具体的历史情况却要复杂得多。拿西方的情况

---

① 　傅斯年：《戏剧改良各面观》，《新青年》1918 年 5 卷 4 号。

来说，西方的近代音乐（包括歌剧）也并不是像胡适等所说的那样，只是简单地从戏剧中"退出来，去独立了"。音乐（包括歌剧）有它自身的演变历史；同样，戏剧（文学）的独立过程，也走着一条自己的路。但是，较早的音乐同文学（诗歌、戏剧）总有着缠不清的纠葛，而戏剧也同音乐舞蹈难解又难分，这也是历史的事实。西方 18 世纪之前的音乐，没有独立的"器乐"，只有同诗歌结合在一起的"声乐"（详后文）；戏剧也一样，从古希腊的戏剧开始，戏剧中大都掺以歌舞，直到 18 世纪之末，法国的博马舍（Beaumarchais, 1732—1799）的名剧《费嘉罗的婚礼》，最初创作时还包含了歌唱和舞蹈，但作者自己后来又把它们都删去了，才变成完全用语言来表述的"纯粹戏剧"（话剧）。西方的"歌剧"（Opera）创生于 17 世纪之初，但最初它还是重戏剧（文学）而轻歌唱（音乐），之后，两者的关系又逐步颠倒过来。造成这种情况的发生，也可能是西方音乐史上的"器乐"（Instrumentalmusic）后来高度发达的影响，促使西方的歌剧最终也成为一种高度成熟的纯粹音乐形式了。

西方音乐史在 17 世纪之前一直是"声乐"（Vocal music，还不是指后来的"歌剧"）独霸天下，这是音乐史的基本常识。因此，所谓"音乐"这个概念，当时并不是指独立的"器乐"而是指有歌词的"声乐"（歌曲，还不是"歌剧"）。彼时，"器乐"只不过是"声乐"的附庸（为歌唱伴奏），因此它往往被看作"不完整"的音乐。17—18 世纪成为西方音乐史上一个划时代的转折点便是"交响乐"（Symlphony）的诞生。于是器乐的音乐开始走向成熟，逐步结束了歌唱（声乐）独霸的历史，此时才出现了一种与以往的"声乐"（歌曲）有异的"歌剧"形式。"交响乐"的更重要的意义在于：它的诞生使"器乐"和"声乐"在音乐史上的地位来了个 180 度的转变——过去被蔑视为"不完整"的"器乐"现在反成了"音乐"概念的正宗；而过去代表着"音乐"概念的唯一内涵的"声乐"，嗣后却又被贬称为"不纯粹"的音乐。音乐艺术成熟了，它终于摆脱了歌词（文学内容）的长期束缚而走向美学上的独立——即彻底的器乐化，并以独立的"交响乐"作为纯粹音乐（"纯艺术"）来标志自己的成年状态。著名的19世纪奥国音乐美学家汉斯立克（E. Hanslik1825—1904）的一句总结性的名言："只有器乐才是纯粹的、绝对的音乐艺术。"①（着重点为引者所加）这便是在西方音乐美学界一直聚讼不已的所谓"纯音乐"（Pure-music）和"绝对音乐"（absolute Music）乃至后来的"自律"（Autonomy）等概念的来由。其基本含义就是判明"音乐"（包括歌剧）具有自身独立的，不受其他艺术形式（主要指文学）的制约，不能为文学内容（如唱词）等"服务"的"自律性"（Autonomy）。为此，汉斯立克当时就让人戴上了一顶"形式主义者"的桂冠。

在音乐领域，把"器乐"称为具有"自律"性质的"纯音乐"（"纯艺术"），这一点引起争议还不太多。但是，同"器乐"几乎同时诞生的近代声乐的典型形式——"歌剧"，在西方音乐美学界却引起过多次激烈的美学争论。这是什么原因？原因很简单，因为"歌剧"的容貌并不像"器乐"那样"纯粹"，歌剧中是排除不掉歌词、戏剧情节（故事）乃至人物形象等一系列文学性因素的。如何认识"歌剧"中的"音乐"和"戏剧"两者之间的关系，便是一个极其复杂难解的美学课题——究竟"歌剧"是以"歌"为主还是以"剧"为主？"歌"是否应为"剧"服务？换句话说，"歌剧"中的音乐因素是否像以往的"声乐"（歌曲）一样，仅是其中的文学（戏剧）因素的附庸？抑或它的音乐因素（唱腔）可以具有一种不受其中的文学因素（剧情、唱词）所制约的美学独立性（Autonomy），也同"器乐"一样具有"纯音乐"的品格？上述种种在西方美学界爆发过引人注目的争吵。在这片喧嚣的吵闹声中，嗓门最大的又是那位"形式主义者"汉斯立克，他斩钉截铁地论断："歌剧首先是音乐，

---

① 汉斯立克：《论音乐的美》，人民音乐出版社1982年版，中译本，第35页。

而不是戏剧。① 同这种所谓"自律论"美学观点针锋相对的最大代表人物，则是18世纪法国启蒙运动领袖之一，大名鼎鼎的卢梭（J. J. Rousseau, 1712—1778）。他一再强调：音乐必须随从语言（诗歌），他认为如果在歌剧中过分强调了音乐，甚至让音乐获得某种独立性，那么这种歌剧便是坏的歌剧。② 而18世纪德国的大音乐家莫扎特（Mozart 1756—1791）则与之完全相反，他提出："在一部歌剧里，诗歌必须无条件地成为音乐的顺从女儿。"③ 但是，对这个观点论证得更充分的还是汉斯立克，他说："人们在歌剧中愈是彻底保存戏剧的原则，把音乐美的空气抽掉，那歌剧会像抽气机里的鸟儿似的奄奄一息死去。人们必须回到纯粹的话剧上去，这倒会证明一件事。即音乐的原则如果不在歌剧中占有上风的话，歌剧的存在确实将是不可能的。"④（着重点原有）因为汉斯立克看到了一般流俗观念所意识不到的一个极其重要的美学真谛："音乐的原则和戏剧的原则必须会相互抵触。"⑤（着重点为引者加）他又提到了："舞蹈"（指芭蕾舞剧——引者注）中的戏剧原则增强时，就会使造型和节奏美相应地受到损失。"⑥ 这说明了，音乐、舞蹈同戏剧（文学）是相互抵触之物，两者虽可以合到一起而成为歌剧或舞剧。但谁也不可能真正有效地为对方"服务"。

这一点，流俗的观念是很难理解和接受的。虽然歌剧不是像"器乐"那样具有独立又"纯粹"的形态，但实质上它的音乐因素（唱腔）仍然像器乐一样可以具有美学的独立性（Autonomy），可以不受唱词（及剧情）

---

① 汉斯立克：《论音乐的美》，人民音乐出版社1982年版，中译本，第40页。

② 转引自蒋一民：《音乐美学》，人民出版社版，第106页。

③ 转引自蒋一民：《音乐美学》，人民出版社版，第116页。

④ 汉斯立克：《论音乐的美》，人民音乐出版社版1982年版，中译本，第46页。

⑤ 汉斯立克：《论音乐的美》，人民音乐出版社版1982年版，中译本，第46页。

⑥ 汉斯立克：《论音乐的美》，人民音乐出版社版1982年版，中译本，第46页。

的严格管束。因为真正懂行的西方现代欣赏者已经把其中的人声（唱腔）与乐器一视同仁，从而撇开了歌词和剧情（文学因素）单独地欣赏其音乐。西方歌剧中的人物、情节（故事）、唱词等文学因素事实上已徒具形骸（只有外行才会舍本逐末地去关注剧情与人物）。故而，"歌剧"只是貌似不"纯"，而实质上亦已是同"器乐"一样"纯粹"的音乐艺术了。于是"歌剧"（音乐）与"戏剧"（文学）之间便泾渭分明判然有别，相互"分工"而确定为两种不同的艺术形式。这一历史事实，要透过目迷五色的表面现象去认清内在的美学本质，确不是十分容易的事。

三、京剧是徒存"戏剧"形骸的音乐（及舞蹈）艺术

前文所说"京剧不是戏剧而是歌剧"，其美学含义就是说它应属于音乐范畴而不属文学范畴。京剧的这种美学品格，也是由历史自然生成的，是漫长的历史发展过程中符合于艺术规律的产品，是中国的"戏曲"历史发展到最终成熟的历史形态。与西方艺术相比较，它也是既有共性复有特殊性，有待于我们去进一步研究探讨。

今天看来，胡适等人当年对京剧的看法确多偏激之处（如极度贬低其中的音乐舞蹈因素，称之为"遗形物"）。但从另一方面看，他们恰好是正确地看到了中国戏曲的晚近形态（昆曲、京戏）的音乐化、舞蹈化的历史趋向。如胡适说过："传奇（昆曲）的大病在于太偏重乐曲一方面，……只可供上流人的赏玩，不能成通俗的文学。"[1] 傅斯年也说："正因为中国戏被了音乐的累，再不能到个新境界。……非先把戏剧音乐拆开不可。"[2]（上引文中着重点均为引者所加）可见他们也都朦朦胧胧意识到"音乐"和"戏剧"是有矛盾的，音乐会"累"及文学的表述，而不能有效地为之"服务"。这就是问题的美学实质之所在。

---

[1]　胡适:《文学进化观念与戏曲改良》,《新青年》1918 年 5 卷 4 号。

[2]　傅斯年:《戏曲改革各面观》,《新青年》1918 年 5 卷 4 号。

但这些五四人物缘何如此非难京剧呢？首先，由于我国当时内忧外患的政治大氛围，忧世之士因政治目的而希望能应用一切可利用的手段，文艺就难以除外。在一定历史条件下要求戏剧（文学）为政治服务乃天经地义之事，实无可非议。但他们又充分感觉到京戏这种"纯艺术"形式是无法利用的，而当时的"新剧"（话剧）又尚未产生（仅处萌芽状态）。因此，胡适等人当年的大声疾呼，非难京剧是虚，倡导"新剧"是实。这一点，傅斯年说得最清楚："说旧戏改良，变成新剧，是句不通的话，我们只能创造新剧。"[①]因此，当年那场关于旧戏"改良"的大争论，其结果却是有力地催发了"新剧"（话剧）的加速创生。这个历史功绩是不可磨灭的。

从五四时期至今已将近一个世纪，中国的现代形态的"纯粹"的"戏剧"（话剧）不仅早已创生，而且已取得了长足的进步。它的确能够达到京剧等戏曲所不能做到的"思力深沉，意味深长，感人最烈，发人深省"（胡适语）的思想内容的明确表达。按理说，"话剧"的形式既已创建并应用，人们本不该再对京剧的音乐（舞蹈）化本质持非难态度了，不必再要求把它"改良"成"新戏"（话剧）了；但是不然，迄今要求"改革"京剧的呼声仍不绝如缕，不减当年。人们又总是拿"话剧"而不是拿"歌剧"去同京剧相类比，总是梦想把京剧"改"得像话剧那样能够"真实地反映现实生活"。笔者从不反对评剧、越剧等一些地方戏曲可以明确表述一定的政治内容，因它们毋须"改革"便可"真实反映现实生活"，而京剧则不然。不明事理的人仍一再希望"改革"掉"旧"京戏的一切"不能反映现实生活"的"旧形式"，但他们却无法理解京剧这种"纯艺术"形式是不可能凭主观意愿去"改造"的。因为"纯艺术"形式的产生和存在是一种客观历史规律，这一点反而落后于五四时期的思想家。这充分说明从美学角度去进一步深入研究上述种种问题，应是当前一项十分迫切重要的任务。

---

① 傅斯年：《再论戏剧改良》，《新青年》1918 年 5 卷 4 号。

不知是否可以这样说，中国的"器乐"远不如西方发达；也许正是这个缘故，中国的传统音乐文化的历史建构，便把更多力量放在"声乐"（戏曲）之上。中国的近世戏曲（昆曲、京戏），恐怕正是一种同西方交响音乐堪可媲美的特殊歌剧（音乐）形式。

从历史演变的角度来看，古代的中国戏剧，原来确是以文学（戏剧）为主体，再附加上一些歌唱、舞蹈及杂技，直到元代的"杂剧"恐怕也还是如此，其中的歌曲也还是像西方早期的"声乐"一样，是勉强地为其中的文学性内容（歌词、剧情）"服务"的。这是一种不成熟的"戏曲"的主要标志。但是，从元杂剧进化到明、清传奇（昆曲），逐渐产生了三者分化的倾向，特别是"歌曲"和"舞蹈"在不同作品中各有所侧重（也有少数侧重于"剧"的）。但是，三者仍共处于"戏曲"之中，始终没有分立。一种所谓"折子戏"的盛行（约于明末清初开始），便是这个美学倾向的明显表征。然而昆曲（传奇）中文学（诗歌）的主体地位尚未丧失，有些方面较之元曲反有所加强。胡适说传奇在"写生表情一方面实在大有进步，可以算得是戏剧史的一种进步。"[①] 这是切中肯綮之言。可见，"折子戏"在明清舞台上盛行之时，"传奇"（昆曲）中的"戏"、"歌"、"舞"三者尚处于较平等的地位；而"歌"、"舞"在中国"旧戏"中的地位进一步升高，甚至排挤其中的文学（戏剧）因素并大步跨向"歌剧"（音乐）范畴，则恐怕要晚到清代中期以后，即京剧逐步取代昆曲的主流地位——亦即"纯粹"的"歌剧"（兼舞剧）性质日趋明显之时，具体表现在传统戏曲的三大美学特征上：（一）"折子戏"形式；（二）韵白；（三）广用非现实生活题材。正确认清这三个美学特征，当是解开京剧的美学本质之谜的一把钥匙。

先说"折子戏"问题。

---

① 胡适：《文学进化观念与戏曲改良》，《新青年》1918 年 5 卷 4 号。

京剧一开始便是以"折子戏"的形态面世的，但不是它的首创，而是承袭了昆曲成熟时期的演出形式。但"折子戏"形式恐怕又并不是明清"传奇"作家的初衷，而是后来在演出过程中经过演员同观众的审美合作才逐步形成的。因此，要认清"折子戏"形式的真正美学品格，我们还得从昆曲到京戏的演出形式的历史发展过程中去寻觅。

元代杂剧的篇幅本不长，一般是四折，多至五、六折，再多则是例外了（如王实甫的《西厢记》为二十一折）。但到元、明之间，由"南戏"演变为"传奇"，特别是从高明的《琵琶记》到"荆、刘、拜、杀"的创作，数十折几成了一个定例。这是很奇怪又值得研究的一个历史和美学的难题。如《琵琶记》为四十二折，最长的《荆钗记》四十八折，最少的如《白兔记》三十二折。而到明代中叶，最多的竟超过了五十折，如汤显祖的《还魂记》（《牡丹亭》）五十五折。数十折戏一天是演不完的。清代洪昇创作的《长生殿》为五十折，据说洪昇应曹雪芹的祖父曹寅之邀而赴南京同观该戏的演出时，竟演了三昼夜。这种情况真令人不可思议。因此，短小精干的折子戏才会于明末清初萌芽，而到乾、嘉时已蔚然成风。最有力的证据便是《红楼梦》中描述大观园中的演出情况（见二十二回），俱都是以"折子戏"的形式出现的。

从最浅近的层次来看，"折子戏"是从全本中摘取其中某几折的演出（因演出全本过于冗长，演员及观众都难以忍受），但造成"折子戏"的原因和它的真性质却远远不是那么简单。更深一层看，演员在演出过程中进一步参与了创作。在长期演出过程中，昆曲演员为迎合观众的审美要求而将某些独立出来的"折子戏"再度加工改造和发展，有的甚至发展到几与原作无关的境地，完全成为一种独立的创作（可参阅陆萼庭先生的《昆剧演出史稿》一书）。再深一层去分析，我们又可以发现，昆曲演出的折子戏中又有明显的"歌""舞""剧"三者分离的倾向，各种不同的折子戏各有所侧重而有所"分工"的倾向。例如，《长生殿》中有许多折戏即使在舞台上演出，严格说也只能算是"彩唱"，如其中的《哭象》、《弹词》等基本上以"唱"为主，身段动作（舞蹈）几近于无。但更多的情况是"歌""舞"并重之作，最典型的例如《游园·惊梦》、《思凡》、《山门》、《夜奔》等（而《山门》之类更侧重于"舞"），从叙事文学的角度而言，其"剧"的因素已大大减弱了。这些都是藉助于"折子戏"形式才能实现的。此外，除了以"歌""舞"为主的折子戏，同时又出现了一些以"剧"为主的作品，例如清代阮大铖的《燕子笺》中的《狗洞》一折，原作在全本中无关紧要，后来竟被演员们丰富发展成一个典型的古典讽刺喜剧，"剧"的因素占了主体地位，从而又排挤了"歌舞"的因素。但相对说这类作品还是较少数的。

于是，京剧在清中叶取代昆曲的主流地位时，便承袭了"折子戏"这个传统形式并加以进一步发展，"歌""舞""戏"三者的分离迹象更为明显。虽然当时皇室内廷也搞了一些大本的"连台戏"，但不是主流。当时京剧的新创作，主要从原来"传奇"的"折子戏"移植、改编而成，甚至把一些昆曲原封不动搬入京剧演出中。京剧一开始就表露出"歌""舞"独立的征象，文学（剧）的因素更趋淡薄。京剧创作中的文词趋于俚俗，也说明其音乐因素的进一步强化并独立，俗称的"唱工戏"（如《四郎探母》中的《坐宫》、《二进宫》、《文昭关》等）便是明证。同样，另一些不讲究"唱"的"武戏"如《挑滑车》、《打店》、《铁笼山》等，更说明它们已在排挤"歌"与"剧"而趋向于"纯粹"的"舞剧"形式了。显然，使"歌""舞""剧"三者虽粘合在"京剧"的形式之中，但貌合而神离，同床却异梦，"折子戏"形式起到了一种"催化剂"的重大作用。

再说"韵白"问题。

元人杂剧曾称其中的说白为"宾白"，显然，"宾"是相对于以"曲"为"主"而言。然令人诧异的是："（元人）为曲皆佳，而白则猥鄙俚亵，不似文人口吻。"（王骥德：《曲律》）这一点，臧晋叔猜得也许有些道理，他认为元曲作家只顾"曲"的撰写，"其宾白则演出时伶人自为之，故多鄙俚蹈袭之语"。(《元曲选序》)"鄙俚蹈袭之语"，看来似不会"上韵"。传统戏曲中的"韵白"始于何时虽无考．但它是较晚的产物（明清时期）恐无疑问。

很显然，元曲中的说白称"宾白"，已表明了重抒情（诗）而轻叙事（故事）的倾向，已是音乐化占了上风。进一步又称"白口"的"上韵"，也就是彻底的音乐化，为的是使它能同其中的歌唱协调一致。这比西方歌剧中避免说话的做法更为高明，更胜一筹，音乐化更为彻底。戏剧中的语言（对话），本来是最长于叙事并最接近于日常生活的形式，但在中国的戏曲中却用音乐去改塑它，使它远离了对现实生活的有效模拟，由此更可以证明音乐因素在戏曲中的重大作用了。

最后一个特征是广用非现实生活题材。

第一点，一切时代的艺术品中，表述的"内容"都是当时人的思想感情，因此都是创作时的现实生活的"反映"。任何艺术创作不论是应用当时的现实生活题材，或借用古人古事乃至远离尘世的神仙鬼怪题材，都没有本质上的区别。采用非现实生活题材是属于所谓"比兴"的艺术手段，是以"借古喻今"、"以彼喻此"的方法间接地"反映"现实生活的，绝不是什么"对古代生活本质的认识"。那是十足的庸俗美学观。

第二点，很多人都不清楚的一个中国戏曲史的事实是，传统戏曲发展到了京剧，实际上绝大多数剧目都是应用了古人古事的历史生活题材，也就是说，从清中叶开始盛行的京戏，当时新创作（包括改编）的剧目大约百分之九十以上都是"历史（题材）戏"而不是当时的"现代戏"。只有极少数例如《铁公鸡》，及黄天霸戏等才是当时的现代题材，但黄天霸在京剧舞台上出现时仍穿古装而不穿清装（虽为不伦不类的"箭衣加马褂"）。因此，必须澄清一个迄今广泛流行的糊涂观点——不少人以为传统戏曲都是古代人当时的"现代戏"，是"反映"当时的"现代生活"的；

并以之来反证当代戏曲的"创新"，首先必须描摹当代人的生活现象，才能算"反映现实生活"，才算"现代戏"。这是因缺乏艺术史的基本常识而产生的一种荒唐观念。

从以上所谈的种种情况来看，京剧是中国戏曲历史发展的最晚近、最成熟的形态，也是中国戏曲的最典型的形态；它是以上述三大美学特征（折子戏、韵白、非现实生活题材）为独特标志而区别于西方歌剧的中国式"歌剧"（兼舞剧）。它是一种东方式的，以"戏曲"命名而贡献于人类和世界的艺术瑰宝。因此，对它今后进一步的发展，我们必须慎之又慎，我们不仅要对后人负责，还须尊重前人；稍有疏忽，就有可能把上千年的历史文化积累的丰厚成果毁之于一旦，招致后代人的万世唾骂。

胡适、傅斯年等认为京戏中的音乐舞蹈因素是一些无用的"遗形物"；其实，他们恰恰说反了，音乐和舞蹈才是京剧中的真正主体，其中的人物与剧情反退居于次要的地位。因为，真正懂行的京戏观众去欣赏某些所谓"唱工戏"时，他只是去"听戏"而不是去"看戏"的。他们真正关注的是某些技艺高超的著名艺术家的演唱艺术（音乐），而不大理会演的是《文昭关》还是《捉放曹》。这些故事情节既熟且滥的戏，如果谁去教导他应注意其中的人物有什么"典型环境中的典型性格"，有什么"思想教育"的"内容"，完全被他嗤之以鼻（对于西方歌剧也一样）。同样，观众去看《铁笼山》或《挑滑车》之类"武戏"，着眼之点也仅是演员的优美舞技（身段动作）而不去寻找其中是否"认识了生活本质"。（西方的芭蕾舞剧亦是如此）对此，近数十年来经常有人讽刺那样的京戏观众是"遗老遗少"的"陈旧趣味"，是应该消亡的。正就是这种左倾幼稚的错误观念和舆论的影响，才导致了懂行观众的日益稀少，京剧艺术的日渐萎缩。

从未看过京戏而第一次去看京戏的人，他肯定看不懂"没头没尾"的"折子戏"；又把那种"拿腔拿调"的"韵白"视作神经失常的疯话；看其中的历史故事，也远不如读几本"演义"来得完整，这是因他没有受过完美的艺术教育。人的审美意识不是与生俱来的先天能力，是要经过后天的审美教育才能获得的。没有获得正确审美能力的人，自然对京剧中的音乐（唱腔）听而不闻；对其中的优美舞姿（或打）又视而不见，当然更不可能去珍视这些上千年的艺术文化的历史积淀才形成的京剧艺术的精华了。这才是造成今天京剧艺术大不景气的根本原因。不重视培养观众的正确的审美趣味，要"振兴"京剧必将成为一句空话。

（原载《美学与艺术学研究》第一集，

江苏美术出版社 1996 年版）

后　记

笔者涉足美学，或可说是"逼上梁山"。

笔者的旨趣与工作原在我国传统绘画和戏曲的历史及理论。但从 20 世纪初开始，民族艺术一直被某些人视作"专重写意、不尚肖物"（形式主义）而应"打倒"（陈独秀语）。笔者经过一番调查研究，发现这种挂着"马列"幌子又蔚然成风的观点，不过是西方 18 世纪的机械唯物论美学的阴魂未散，于是笔者不得不去关注美学问题，这本拙著也就是这样被"逼"出来的。

这本拙著的篇幅虽不大，但写作的时间却延续了数十年之久；其中某些文字甚至草就于 20 世纪 60 年代。到 20 世纪 80 年代之后，其中某些章节才以单篇文章的形式发表于多种期刊杂志上。

这本粗略的拙著不敢妄想解决什么问题，而只是想提出有助于进一步开展美学研究工作的几点建议：

其一、"美学"研究应以探索艺术的一些根本性、普遍性的问题，即艺术的"内容"与"形式"问题，以及这种独特的精神现象的客观根源性问题（即所谓"反映"现实生活）。

其次，审美的"符号学"，似是一种探讨上述问题的有效途径——以深入分析各种不同的艺术"符号"形式（如文学、美术、音乐）和深涵其中的各种不同的"情思"内容，并进一步对这种精神内涵如何"反映"客观社会物质生活的研究。

虽然笔者在本书中广泛涉猎了文学、美术、音乐等领域，但论证极为粗浅，其中列举的一些史实终不免挂一漏万之病；而得出的一些结论，也只是笔者个人一己之见。今天重新审视之下、疏漏不足之处又比比皆是。本拟彻底重写，终因年迈而力不从心。凡此种种，不得不祈求读者公众的谅察与评鉴。

作　者

2012 年 3 月 15 日

责任编辑：田士章
版式设计：汪　莹
责任校对：张杰利

图书在版编目（CIP）数据

美学卮言 / 徐书城 著 . – 北京：人民出版社，2012.9
ISBN 978 – 7 – 01 – 010939 – 8

I. ①美…　II. ①徐…　III. ①美学理论　IV. ① B83–0

中国版本图书馆 CIP 数据核字（2012）第 115814 号

美学卮言
MEIXUE ZHIYAN

徐书城　著

人民出版社 出版发行
（100706　北京市东城区隆福寺街 99 号）

北京新魏印刷厂印刷　　新华书店经销

2012 年 9 月第 1 版　2012 年 9 月北京第 1 次印刷
开本：710 毫米 × 1000 毫米 1/16　印张：13.75
字数：180 千字

ISBN 978 – 7 – 01 – 010939 – 8　定价：35.00 元

邮购地址 100706　北京市东城区隆福寺街 99 号
人民东方图书销售中心　电话（010）65250042　65289539